全球景观

规划设计集成

LANDSCAPE DESIGN

（上册）

北京大国匠造文化有限公司 编

中国林业出版社

·北京·

Recommendations 》》

丹麦、荷兰、美国景观设计名家联袂推荐：

Bjarke Ingels

DAIA, Founder/Partner,
BIG-Bjarke Ingels Group,
Amsterdam, Denmark

"景观设计对当今时代究竟意味着什么？入选该书的优秀作品对此问题做出了深刻、系统的诠释。这些作品向人们展示了当代建筑师、景观设计师、城市规划设计者正在如何积极地保护地球的有限资源和如何以生态的理念去设计包括乡镇、城市在内的各种公共开放空间。这本书也是一座搭建于专业景观设计与普通大众之间的意义深远的文化沟通桥梁。"

—— Bjarke Ingels

Mark Rios

FAIA, FASLA, Founder/Partner,
Rios Clementi Hale Studios,
Los Angeles, California, USA

"景观设计师对该领域的生态问题肩负着义不容辞的使命。入选本书的作品不仅仅只是漂亮，更应该用负责任来形容，不仅是对读者，更是对我们的地球负责。这些案例堪称是可以给所有规划师、景观设计师、建筑师和业主们以启发，告诉我们在工作中如何融入可持续理念，从生态角度创造出优美环境的最佳典范。"

—— Mark Rios

Martin Knuijt

Director/Partner,
OKRA Landscape Architects,
Utrecht, the Netherlands

"促进都市系统与其周围景观环境和谐融合的空间规划是十分重要的。水系统、绿色建筑和绿色空间的全面结合将创建出更加强大的可持续发展构架。建设绿色环境的投入势必将成为未来世界发展的强大催化剂。本书给读者展示了大量优秀的绿色作品，我们团队很荣幸在这样一本以生态为主题的书中为大家分享最新的创意。这本书是理解当代可持续设计解决方案的一份宝贵资源。相信今天的生态设计将带动人们在将来创作出更多、更精彩的作品。"

—— Martin Knuijt

Eco Landscape Today

所谓生态即是原生之态。回归自然，奉行朴素的生态设计观在经济快速发展、物质高度文明的当今时代毅然崛起。越来越多的人们开始向往"天人合一"、"师法自然"的境界，主张人与自然的和谐统一。席卷全球的生态主义浪潮促使人们站在科学的视角上重新审视景观行业，全球各地的景观设计师们也开始将自己的使命与整个地球生态系统联系起来。如今，生态设计已经成为包括景观设计师在内的各领域专业人士深层考虑的基本理念。人们逐渐认识到尊重自然发展的重要性，倡导能源与物质的循环利用和场地的自我维持，发展可持续的处理技术，并将其贯穿于景观设计、建造与管理的始终，已经成为景观行业的大势所趋。

在设计中对生态理念的追求与对功能和形式的追求同等重要，有时甚至超越其上，占据首要位置。生态理念的介入，正使景观设计的思想和方法发生着重大转变，直接影响甚至改变了景观的内在精神。景观设计毕竟是一个人为的过程，生态设计不能被单一地理解为完全顺应自然过程而不加任何人为干涉，而是要把人看做是自然系统中的一个元素，使人为干预与生态系统相协调，对环境的破坏达到最小。具体来说，生态化的景观设计就是在景观设计中遵循生态的原则，遵循自然规律。如反映生物的区域性；顺应基址的自然条件；合理利用土壤、植被和其他自然资源；依靠可再生能源，充分利用日光、自然通风和降水；选用当地的材料，特别是注重乡土植物的运用；注重材料的循环使用并利用废弃的材料以减少对能源的消耗，减少维护的成本；注重生态系统的保护、生物多样性的保护与建立；发挥自然的自身能动性，建立和发展良性循环的生态系统；体现自然元素和自然过程，减少人工痕迹等。

该套丛书的编写旨在倡导自然、人文与生态景观要素的统一，促进生态、人居环境的可持续发展，从而实现人与自然的全面和谐。在全球范围内精选的百余例近期作品集中地反映了当今世界景观设计的前沿理念与高度。著名景观设计团队及其饱含环保精神与人文情怀的作品将为广大景观设计者、项目开发者和景观爱好者带来无限灵感。该套丛书更有享誉全球的著名景观设计师联袂推荐和他们特别分享的新近惊世之作，精彩不容错过！

Contents »»

滨水及海滩
Beach & Waterfront

文化区
Cultural Zone

城市广场
Square

休闲广场
Hospitality

城市公园
Park

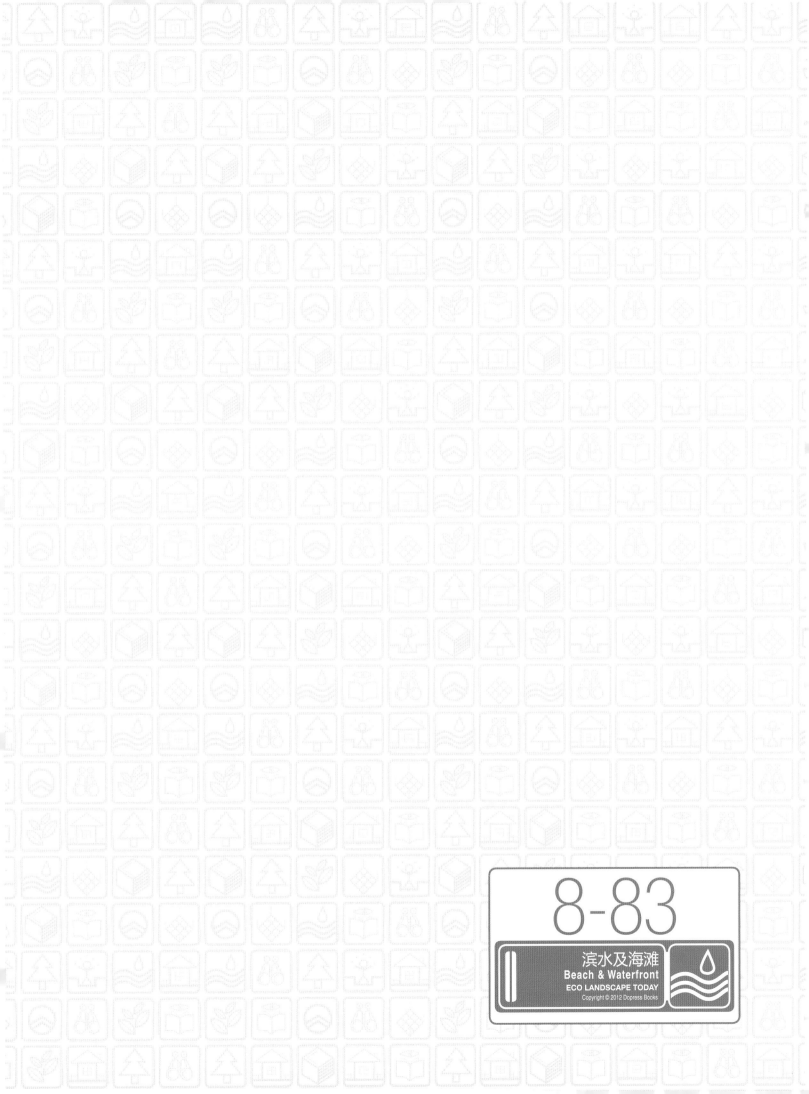

8-83

福克斯河城市滨水景观

The CityDeck is the heart of a multi-phase redevelopment project along Green Bay's Fox River.

本案设计旨在使河流周围环境得到显著的提升，同时促使该区域的群众活动更为生态且多样化。项目所在地是市中心Green Bay的福克斯河沿岸一处面积为8094m²的狭长地带，宽约15m到18m，长约24,140m，位于横跨福克斯河的两座桥之间。

与构思相同，位于河东岸的一期工程构建了一处关于技术、环境、符号的复杂性的基础结构景观设计，并回应了社会和经济复苏的需求。这个新建成的市内滨水区，以比邻全市最宝贵的环境与经济资源——福克斯河之优势，成为市内一处引人瞩目的全新地标景观。

项目建设始于城市和河流沿岸的一条简单木板路。高低起伏、错落有致的木板路与本案设计主题相呼应。从人体工程学角度来看，这些起伏的折角也可以顺势打造出各种各样可给路人提供多种选择的座位、长椅和躺椅：有的座位距离河水较近，有的稍远一些但可以眺望到河水，有些集中在一起被安置成长长的一排，有的则单独放置。这种创意可以给人们提供更多的座位选择，而坐在哪就取决于人们的愿望、体型、心情以及人们对光线、温度、天气状况的喜好。

场地内大部分露台接缝处都设有排水孔，可排出路面、草丛和花圃区域的积水。这种设计还利于地下水补给，减少对城市老化基础设施的投入，并且扩大了有赖于吸收地下水的树木种植区范围。比起铺装道路的通常设计手法，这种集成灌溉策略可允许容纳更大数量的树木种植，从而进一步改善滨水地区和周边建筑的小环境。木板路和长椅是采用一种可持续采伐的IPE木建造而成的，这种木料的使用寿命超乎寻常并能减少养护需求。同时，允许木板向上移或盖过隔板墙，而不是把它们砍断的铺装策略，可以节省数百万美元的成本，从本质上巧妙地"回收"了这些原有墙体。

Location / 地点: Green Bay, USA Date of Completion / 竣工时间: 2012 Area / 占地面积: 10,117 m² Landscape / 景观设计: Stoss Landscape Urbanism Photography / 摄影: Stoss Landscape Urbanism, Jeff Mirkes, Mike Roemer Client / 客户: City of Green Bay

地面：定制路砖，吐根树木
草皮家具：吐根树木制长椅，照明灯，
青塔基黄木
植物：银杏树，榆树（美洲榆）

ORIENTATION

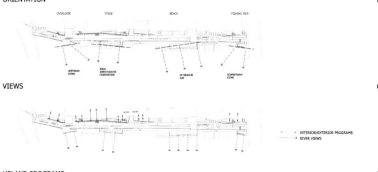

VIEWS

UPLAND PROGRAMS

PEDESTRIAN CIRCULATION

CONNECTIONS

EVENT SPACES

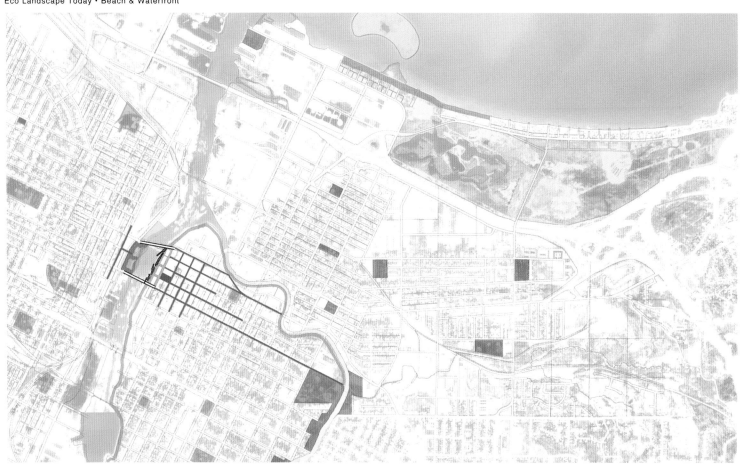

曼萨纳雷斯线性公园

Architects creat an artificial landscape-the green network along the Manzanares River banks.

曼萨纳雷斯河地处海拔670m的山间盆地之上，其始于高达2258m的瓜达拉马山脉，终点则在位于海拔527m之上的哈拉马河。途中融汇了来自30处不同流域的水源，并与其周边各种基础设施相得益彰，其中一些是基于河流而自然形成的，比如桥梁、堤坝和湖泊，而另一些则是人们后期修建的道路、铁轨和管道等设施。

景观多样性及沿途生栖物种的丰富性，使得曼萨纳雷斯河在巨大的反差下成为一道奇观。从常年积雪的高山到南部流域几乎沙漠化的高原，河流流经的地方几乎都是人迹罕至，甚至有些险峻。

全面分析该流域的自然情况后，设计师明白，河流不属于这座城市，与此相反，城市应属于这条河流。随着历史的不断演变，两者之间的交互作用也已经发生转变。但到目前为止，曼萨纳雷斯还没有成为这座城市内一个引起人们注意的亮点，而是以一种被城市忽略的状态存在。

本案设计理念是建设一条像森林一样茂密的绿化带，尽可能地给体现人类顶峰建筑水平的枯燥建筑群赋予更多生机与活力。该项目建设从了解整个河流流域的地理特质开始。地域环境特征和自然元素的多样性构建成了现有的景观环境，并有一组关键议题被提出以符合本案设计中的大部分理念，其中包括20项桥梁方面的解决方案，和修复7个大坝，回收利用多座桥梁以及创建新路径等方案。其形式或幽静简单或更意味深长。

详细来说，该项目建设采纳了一系列规划措施来整合城市及其市内的河流，这些都是影响周围居民对新河岸空间价值导向的重要因素。从现在起，一种全新的蜕变正在以一种不可逆转的方式悄然进行，这将是马德里市前所未有的巨大改变。

Location / 地点: Madrid, Spain Date of Completion / 竣工时间: 2011 Area / 占地面积: 1,200,000 m² Landscape / 景观设计: Burgos & Garrido, Porras & La Casta, Rubio Álvarez-Salas, West 8
Photography / 摄影: Jeroen Musch, Ana Muller Client / 客户: Ayuntamiento de Madrid

地面：卵石，沙子，花岗岩地砖
人行道：黄色沥青
家具：环形花岗岩长椅，硬木长椅
照明：地照灯，荧光灯
植物：松树，芳香植物，草皮

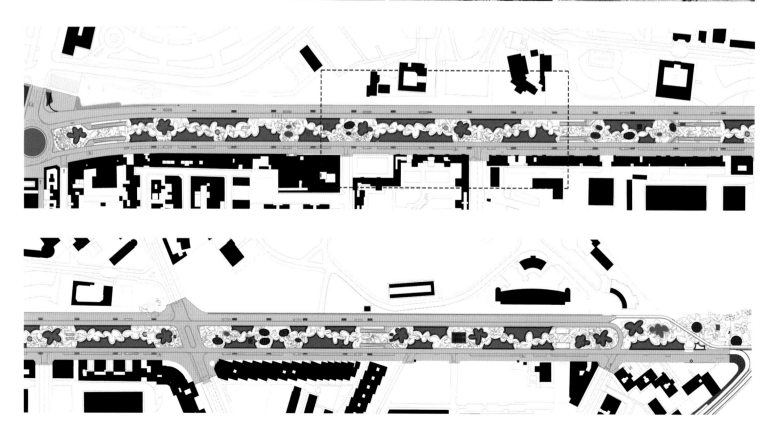

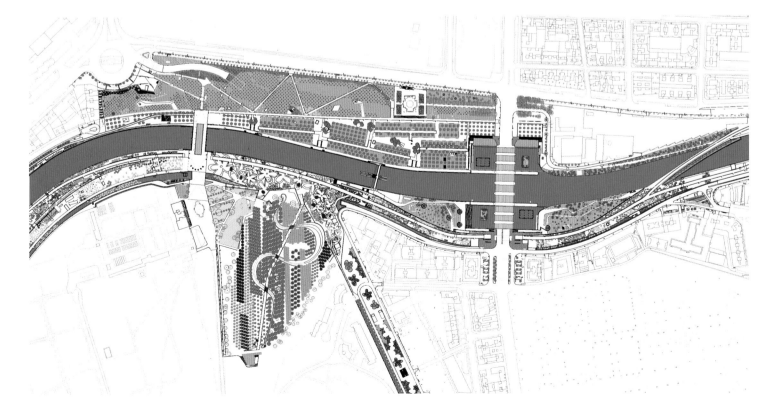

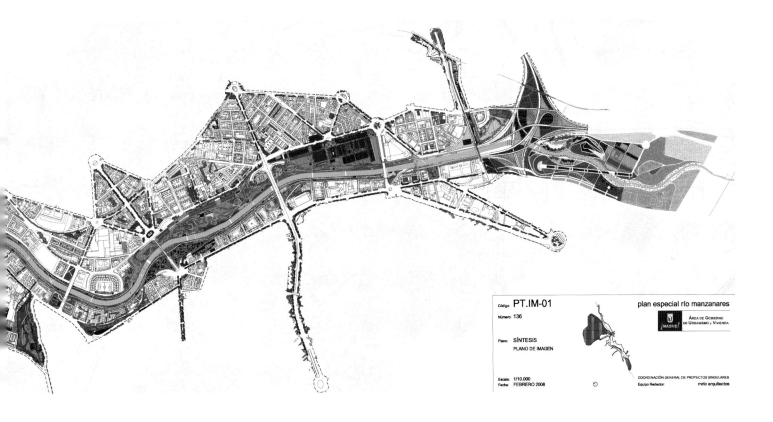

Código: **PT.IM-01**

Número: 136

Plano: SÍNTESIS
PLANO DE IMAGEN

Escala: 1/10.000
Fecha: FEBRERO 2008

plan especial río manzanares

¡MADRID! ÁREA DE GOBIERNO
DE URBANISMO y VIVIENDA

COORDINACIÓN GENERAL DE PROYECTOS SINGULARES

Equipo Redactor: mrío arquitectos

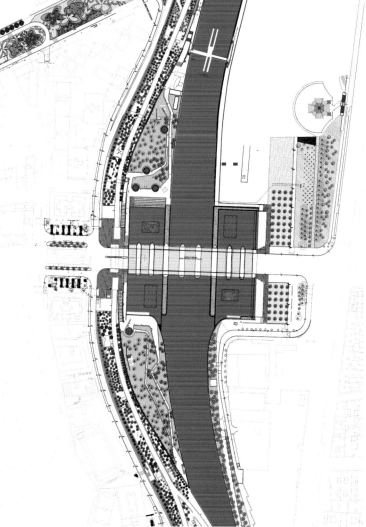

鲍恩海滨重建

Bowen Foreshore has been used for various other concerts, festivals and even weddings.

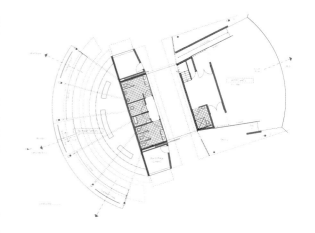

鲍恩海滨重建项目于2009年11月顺利完成。它使几年来的规划、设计成果得以实现,并构建出鲍恩海滨公园的改造方案和该区土地、道路储备建设方案。尽管这里有着特殊的历史意义和优越的地理位置,却一直远离商业街区,多年来没能得到充分的开发利用。被称为重生后的鲍恩海滨现在成为无可争议的焦点,并成为吸引游客的主要景点之一,且受到当地人的普遍喜爱。

该项目的开发并不仓促。由于它处在一个十分重要的地理位置,理事会花费了几年的时间与设计团队Tract Consultants一起考察、改造该场地重建工程的布局。在此期间,理事会进行了严格的社区调查,根据结果将项目的各个环节进行了相应地调整和修订,以迎合公众的需求。由于设计和施工管理,并没有对原有树木造成破坏,并且在此基础上种植了数百棵成熟树木、数千株灌木以及地表植被,从而实现了植物群落结构的优化构建。当地特有的黑冠鹦鹉在施工期间以及施工后仍然在此栖息繁衍。

鲍恩海滨的历史原貌和地理原貌被保留了下来,并在本次设计中得以进一步强调和突出。比如修建纪念场馆,在那里可以了解二战期间的Catalina战机。此外,各种各样的牌匾、指示牌、景观设施都成为吸引游客和当地居民前往游览、参观的巨大成功因素。游客也可以在这里了解到鲍恩海滨的历史。为游客提供的精彩绝伦的游乐设施,也不断吸引着游客在此流连忘返。另一个重建的主要特点是在鲍恩海滨区增加了一个壮观的滑板运动场。对于鲍恩的年轻人来说,它已成为一个充满无限乐趣的去处;对于家庭来说,由于它邻近海滩,且配有烤肉工具、设施,这里也已然成为一个理想的休闲娱乐场所。这些都鼓励着家长们乐于陪同他们的孩子来此观光、游玩。当然,这里也为家长们提供了一个可以确保儿童安全的活动环境。

Location / 地点: Bowen, Australia Date of Completion / 竣工时间: 2009 Landscape / 景观设计: Tract Consultants Pty Ltd. Photography / 摄影: Tract Consultants Client / 客户: Whitsunday Regional Council

人行道: 混凝土，花岗岩，天然石制地
砖，硬木甲板
定制座椅: 着色混凝土，木条，混凝土锚
栏杆: 混凝土
框架: 重型风标，不锈钢密封轴承，特制
尼龙
垃圾箱: 不锈钢
饮水池: 不锈钢，定制扶手，木板
自行车架: 不锈钢
水栅门: 粉末涂层
短柱: 不锈钢，中型管，螺旋桨柱，木板
排水池: 钢材

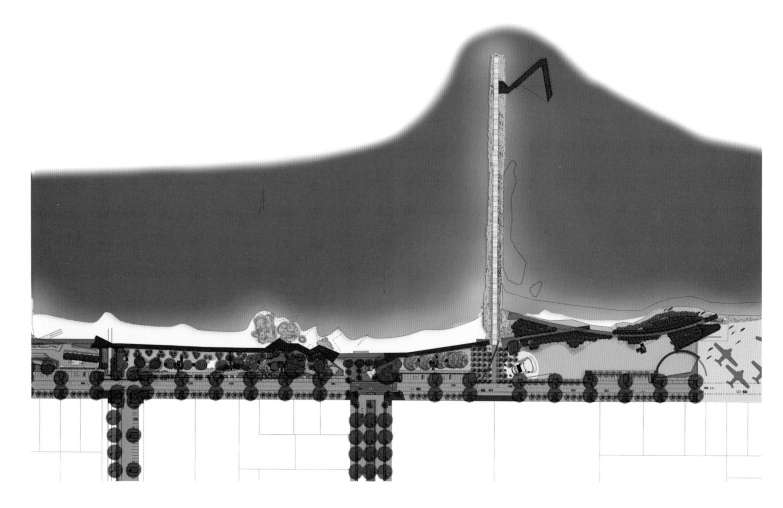

魅力都市滨水区——V型大道

The project is designed to engage the Urban Waterfront. The New York City Department of Environmental Protection is undergoing extensive upgrades to storm water infrastructure in an effort to prevent combined sewer overflow into Coney Island Creek and Gravesend Bay.

受纽约市政府委托，该市环境保护部门负责改善该区溪流及海港的水质，积极加强水利基础设建设，防止汇集后的污水流入科尼岛溪流及格雷夫森德海湾。这些措施包括两条压力管道的的管路改造，和对布鲁克林附近格雷夫森德雨水泵站的升级及修复。改造后的压力管道在城市路面下，沿公园大道的路肩，延续近6437m，然后与原有管道设施连接，最终将雨水及污水转送到Owl污水治理厂。

Dirtworks与环境顾问及工程顾问团队合作，确保原有水质基础设施建设得以保存，并使压力管道沿线的滨水公园水质得以提高。Dirtworks通过研究项目区域的原生植被展开设计工作，并与项目工程师合作将压力管道设置在远离公园道路景观的古老树木群区域。在保留这些原有框架的基础上，Dirtworks开发出一种综合景观理念，令人联想到波澜起伏的海岸线。本地生草种及野花被大片种植在广袤的滨水道路沿岸，与周围树木植被互为补充，向附近区域延伸，令人们不禁联想到昔日浪花拍打海岸的美丽景色。

通过战略性场地规划和恰当的植物选择环节，公园道路的形象得以大幅提升。可以观赏到大西洋景象的观光廊道修建于此，自然及历史生态系统也得以重建，这些都为附近居民、固定的游客和休闲的路人创建出真正向往的目的地。

本案设计中涉及到的低碳、可持续性措施包括：自然、历史生态系统重建，适应环境的植物选择，原有遗留树木的保存，种植本地生植物，减少维护费用，战略性的场地规划，雨水、污水的防治规划，提高人类与自然和谐共生的意识。

Location / 地点: New York, USA Date of Completion / 竣工时间: 2009 Area / 占地面积: 6,400,000 m² Landscape / 景观设计: Dirtworks, PC Photography / 摄影: Dirtworks, PC Client/ 客户: NYC Department of Environmental Protection Brooklyn, NY

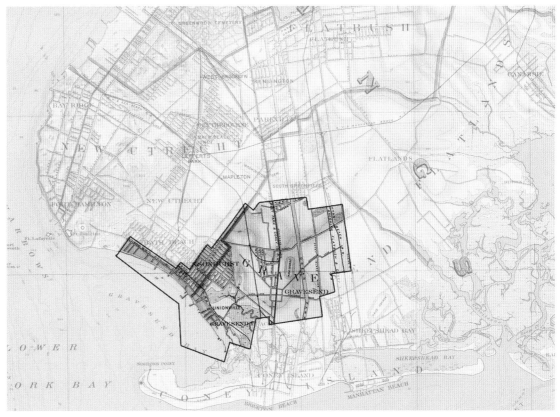

植物：当地灌木，地被植物，草，野花，
红橡树，法国梧桐，红花械，皂荚树

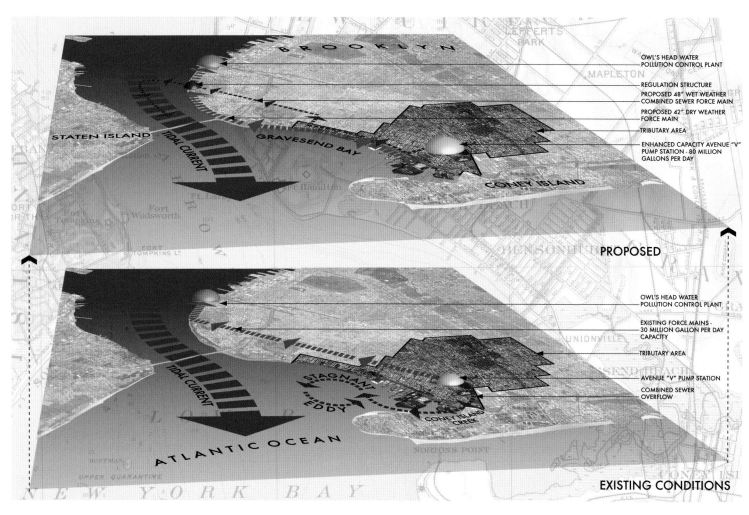

OWL'S HEAD WATER POLLUTION CONTROL PLANT

REGULATION STRUCTURE

PROPOSED 48" WET WEATHER COMBINED SEWER FORCE MAIN

PROPOSED 42" DRY WEATHER FORCE MAIN

TRIBUTARY AREA

ENHANCED CAPACITY AVENUE "V" PUMP STATION - 80 MILLION GALLONS PER DAY

BROOKLYN

LEFFERTS PARK

MAPLETON

STATEN ISLAND

TIDAL CURRENT

GRAVESEND BAY

CONEY ISLAND

BENSONHURST

PROPOSED

OWL'S HEAD WATER POLLUTION CONTROL PLANT

EXISTING FORCE MAINS - 30 MILLION GALLON PER DAY CAPACITY

TRIBUTARY AREA

AVENUE "V" PUMP STATION

COMBINED SEWER OVERFLOW

UNIONVILLE

TIDAL CURRENT

STAGNANT EDDY

CONEY ISLAND CREEK

ATLANTIC OCEAN

NORTONS POINT

NEW YORK BAY

EXISTING CONDITIONS

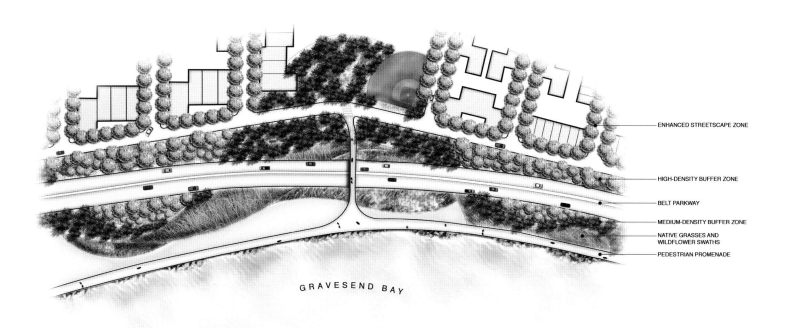

ENHANCED STREETSCAPE ZONE

HIGH-DENSITY BUFFER ZONE

BELT PARKWAY

MEDIUM-DENSITY BUFFER ZONE

NATIVE GRASSES AND
WILDFLOWER SWATHS

PEDESTRIAN PROMENADE

GRAVESEND BAY

查尔斯顿滨水公园

Begun more than a generation ago, the innovative design of the Charleston Waterfront Park integrated environmental sustainability and landscape architecture.

查尔斯顿滨水公园的设计旨在令海滨风景回归民众生活，提升城市公众、私人生活的价值。该目标通过将城市格局延伸到公园，并与库珀河建立地理及视觉关联而逐步实现。

地标性建筑的设计令城市扩建与滨水区相互交融的格局大放异彩。Vendue广场的交互式喷泉被设置在Queen大街上朝气蓬勃的店铺与静谧的滨水公园之间，仿佛在欢迎人们进入公园。广场中作为百年纪念的青铜材质地图讲述着城市漫长的发展史。距离Vendue广场111m处的码头为人们带来盐沼之外深水区的别样感受。具有美国南方腹地风格的凉棚格架及摇摆的长椅吸引人们走出公园来到码头上，在这里享受最凉爽的微风。沿着河道兴建的码头前部为人们提供娱乐垂钓的场所。

查尔斯顿滨水公园的设计在各个水平上将敏感的环境因素考虑在内，希望创造出能够显著改善环境条件的唯美空间。可持续性理念贯穿整个工程解决方案及经济发展规划之中。盐沼地的恢复为动植物提供栖息地，净化污染物，缓冲沿海风暴的袭击。本案设计师致力于加强对盐沼栖息地环境的修复，通过淤积的泥沙逐步掩埋破旧的港口。设计师在本案设计及从隔板到家具在内所有的景观元素布局中充分考虑到狂风及潮汐的因素。

目前，修复的盐沼地向河流延伸，创造出有价值的栖息地环境及丰富的视觉体验，令人们回想起以前的木桩港口及河口处聚积的沉积物。独特的河口环境揭示了该区域的海洋生态环境，与此同时，也作为整个公园的构成要素之一，展现这里无限壮美的景观。

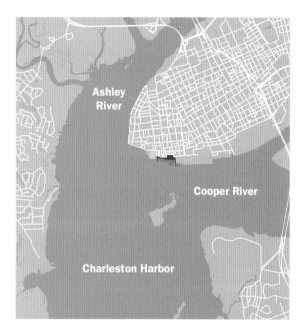

Location / 地点: Charleston, USA Date of Completion / 竣工时间: 1990 Area / 占地面积: 28,328 m² Landscape / 景观设计: Sasaki Photography / 摄影: Craig Kuhner, Alex MacLean Client / 客户: City of Charleston

常绿树：代茶冬青，广玉兰，木樨，美洲蒲葵，湿地松，榭树
落叶树：悬铃木
常绿灌木：特拉华谷白杜鹃花，瑞香，日本黄杨，山茶花，假虎刺属冬青，八角金盘，矮带茶冬青
地被植物：茅状耳蕨，阿尔及利亚长春藤，麦门冬，沿阶草
多年生植物：金针花，水仙

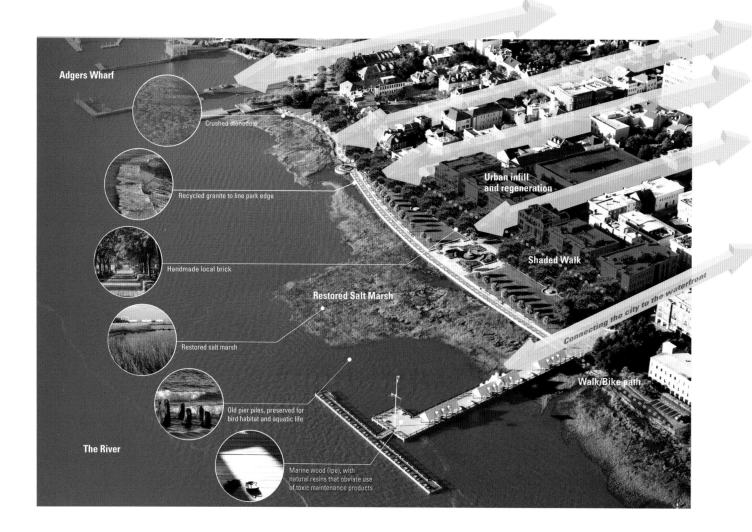

Adgers Wharf

Crushed stonedust

Recycled granite to line park edge

Urban infill and regeneration

Handmade local brick

Shaded Walk

Restored Salt Marsh

Restored salt marsh

Connecting the city to the waterfront

Old pier piles, preserved for bird habitat and aquatic life

Walk/Bike path

The River

Marine wood (Ipe), with natural resins that obviate use of toxic maintenance products

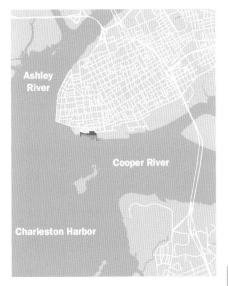

Ashley River

Cooper River

Charleston Harbor

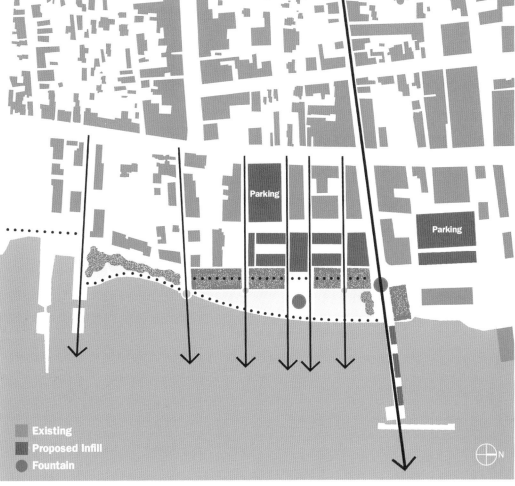

Parking

Parking

Existing
Proposed Infill
Fountain

N

HTO海洋公园

Graphic park HTO is made up of playful sodded berms, interconnecting pathways, and an urban beach, which is a new concept to Toronto with many successful international precedents.

HTO是位于加拿大多伦多的一个标志性的海滨公园。该项目的主要目标是将多伦多与安大略湖的湖水相汇合，并吸引更多的游客前往海滨观光游览。在过去的20年中，该地区一直处于平稳的发展之中，而附近公寓的一面墙和一条高速公路制造出了视觉分割，将滨水区和市中心分割开来。

"Janet Rosenberg + Associates" 公司与 "Claude Cormier + Associés" 公司负责HTO项目的基本概念设计，Leni Schwendinger负责照明工程，HPA则在多伦多政府的协助下负责项目的具体实施。

公园由可供娱乐的草坪绿地、纵横交错的小径和一个市区海滩组成。对于多伦多来说，它是一个像法国巴黎海滨一样有着很多国际元素的新概念海滨公园。高大的黄色遮阳伞布满沙滩，银枫树和杨柳树分布在小路两侧，为游客提供了阴凉的去处。这处独一无二且可灵活应用的空地为各个年龄的人群提供了一个不需要离开城市就可以依水休息的地方，这显然成为了一个吸引更多游客前来此地的有效策略。

事实上，从2007年HTO滨海公园开放以来，它已经迎接了上千名当地及外地游客的到来，因此它已经成功帮助周边地区取得了经济上的效益，也促进了沿海一带的进一步发展。

作为HTO滨海公园设计的一部分，设计团队必须处理土壤污染的问题以及提出其他有利于环境可持续发展的想法。掩埋处理作为经济、有效的方案解决了土壤污染问题，而回收材料和天然碎石的采用使公园周围湖泊内的鱼类栖息地得以恢复。此外，场地内还安设了雨水处理系统。例如可渗水铺装设计，它的作用原理是使水汇集到渗透区，再使水逐步分散，慢慢地被土壤吸收。最终，用来灌溉公园的水即是源于湖中。

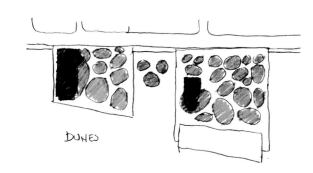

Location / 地点: Toronto, Canada Date of Completion / 竣工时间: 2007 Area / 占地面积: 24,280 m² Landscape / 景观设计: Janet Rosenberg + Associates Photography / 摄影: Jan Becker, Neil Fox, Janet Rosenberg + Associates Client / 客户: City of Toronto

人行道: 混凝土
家具: 混凝土休息室和长椅, 马斯科卡椅子
树木: 银槭, 柳树
植物: 装饰草皮
其他: 沙子, 地砖, 盖板, 穿孔金属伞, 不锈钢护柱, 不锈钢链栅栏, 镶嵌不锈钢标记

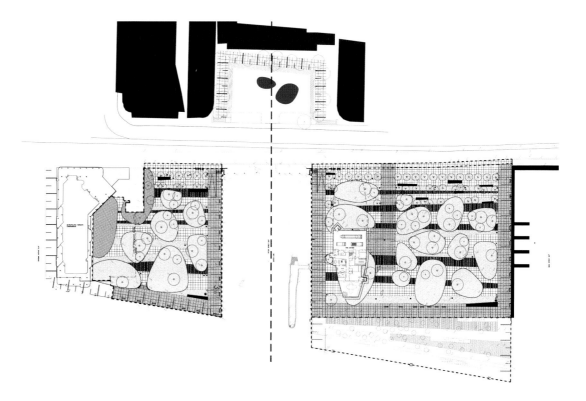

普塔策勒眺望台及卡波托雷铁路改造

Lookout at Punta Celle and Former Railway at Capo Torre.

该项目共包括两个不同区域：原铁路重建与眺望台的修建，均位于意大利沿海岸线上的小镇。

该项目理念的研究涵盖了对整个城市海滨的规划，并且欲以一种放眼全局的视野，为沿海岸城市的公共场所建立一项长远战略。总体目标是继续维持对人行道的使用以及加强对海岸线的利用，同时尽可能确保这些地方不受到任何人为破坏，以保护好该场所原有的自然风貌。

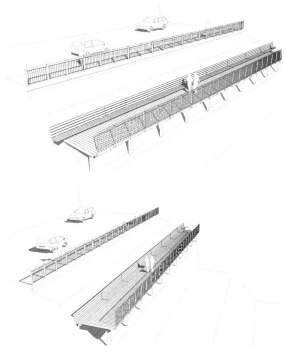

其中，普塔策勒眺望台修建于Pineta Bottini悬崖正下方，沿海路上有一面较长的护堤，位于行车路面以下几米处，那里也显现出少有的设计良机。设计团队在这面护堤顶部边缘开辟了一条新路径——以连续长椅围合而成的木制条形眺望台。由螺栓固定到混凝土墙上的轻钢结构支撑着这个绵延约80m长的松木眺望台。现在人们在此散步或休息，就可以避免了汽车对欣赏海景及噪音对环境的影响。人工照明设施投出柔和的光线，为夜间的过往车辆起到标示方向的作用。

另一部分是对以前位于路面7m以下的卡波托雷铁路进行改造。该环节确定了一个长度为100m，沿着陡峭斜坡延伸至铁路路面的人行坡道。坡道建设使用了一种典型的生物工程技术，运用一个栗木制成的双驱动打桩系统，经修改后以适应公共空间的需求。路面部分是由落叶松木铺成。人工照明设施被隐藏在植物和灌木丛中，使原有植物和绿色坡地得以强调。其他重新引进的植物还包括一些濒临灭绝的当地物种。

Location / 地点: Celle Ligure, Italy Date of Completion / 竣工时间: 2011 Area / 占地面积: 3700 m² Landscape / 景观设计: UNA2 with ing. F. Feltri Photography / 摄影: UNA2 Architetti Associati Client / 客户: Municipality of Celle Ligure

地面：层叠落叶木
人行道：层叠落叶木，混凝土，稳定土，砾石
斜坡：栗木
望台：钢材和层叠落叶木大梁的混合结构
家具：绿柄木，钢材
照明：环形荧光街灯，室外嵌壁灯，室外嵌地灯
植物：海桐，夹竹桃，怪柳，圣彼得草，光叶石楠，已有当地地中海灌木

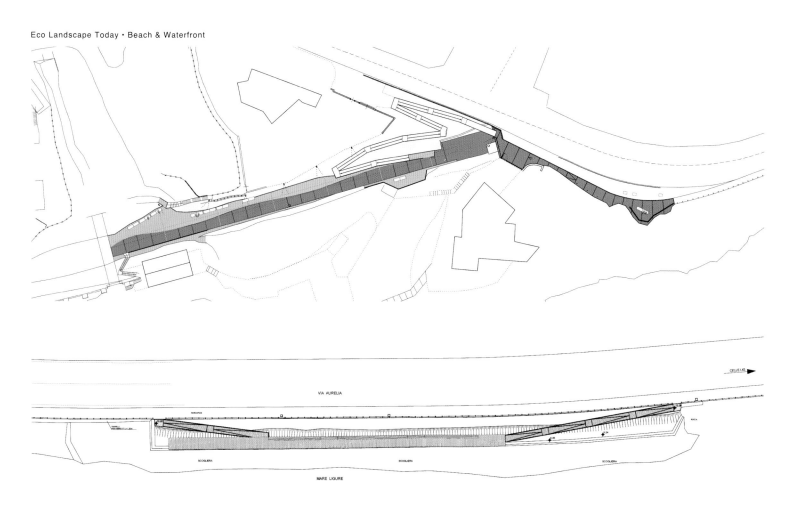

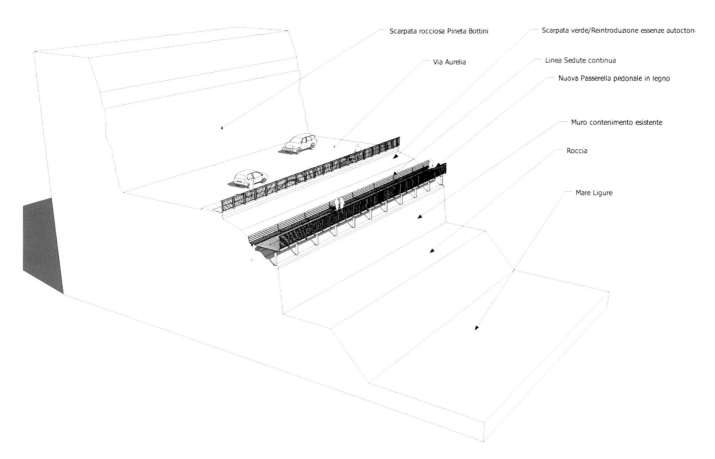

Scarpata rocciosa Pineta Bottini

Scarpata verde/Reintroduzione essenze autoctone

Via Aurelia

Linea Sedute continua

Nuova Passerella pedonale in legno

Muro contenimento esistente

Roccia

Mare Ligure

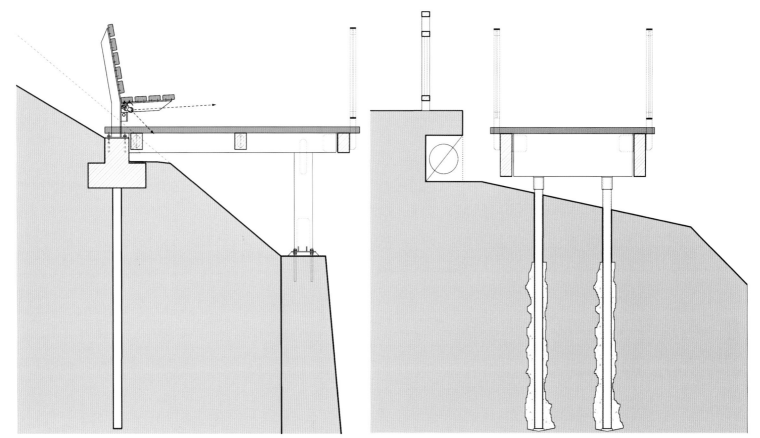

南部河畔公园

Using a contemporary language of landscape design to express its industrial heritage, Manhattan's Riverside Park is ecologically sensitive to its riparian environment and embraced by its neighbourhood.

沿着曼哈顿岛西部及哈德孙河流域，河畔公园将炮台公园和第125大街之间绵延的滨河区域贯穿起来。Thomas Balsley Associates公司将狭长的海岸线地带改造为一个被附近居民区环绕的公园，设计展现出该地区发达的工业及运输业历史风貌和对滨水环境的生态化保护意识。

其主体结构由山地与街道相互连接，延伸至滨水梯田及河岸上一系列的历史文化场馆。自然水滨地区将大片草地、开阔的草坪、桦木林，以及各种看台、露台连接起来。脚踏车道及人行路沿原有高速公路延续而下，以倡导无碳交通的理念。工程从第63大街的西部开始扩展，凸起的草坪营造出开阔的视野，并标志着B码头及海湾的最初边缘位置，在这里本地生沿海草地的恢复展现了该地区之前的工业属性。

61m长的蛇形桥承载游客经过峡湾，进入南部活动点，从那里一处隐蔽的露台上可以俯瞰古老的机车及儿童游乐草坪。精心修剪的草坪、本地生草种植被、灌木及乔木将高速公路隔离开来。

沿河岸铺设的碎石使沼泽草、公共绿地及河流之间的边界变得柔和。柔软、自然的滨河地带沿着较低的木板铺制路面将游客直接引到水边区域。三块长长的米草植被地带用细窄的木料铺装路径，为纽约人带来独特的亲水体验。隐约可见的门型构造被保存下来，用以纪念这里丰富的历史文化。该构造及码头被指定为未来曼哈顿轮渡及水上出租车的摆渡场地，以缓解人们对更多车辆的需求。

南部河畔公园成为城市中的一处奇观。本案采用兼收并蓄的手法，提倡将规划设计与可持续性、历史、文化、社区因素以及现代设计语言融合起来，反映出21世纪滨水景观设计的宏伟愿景。

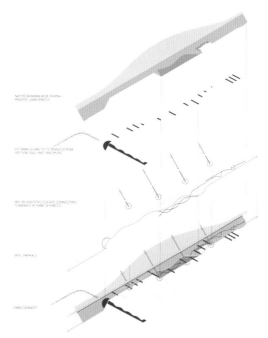

Location / 地点: New York, USA Date of Completion / 竣工时间: 2013 Area / 占地面积: 93,078 m² Landscape / 景观设计: Thomas Balsley Associates Photography / 摄影: Thomas Balsley Associates
Client / 客户: Riverside Park South Planning Corporation

地面：沥青，混凝土，石材
人行道：卵石，混凝土
家具：定制木板长椅，模制混凝土长
椅，石板长椅，钢网长椅
照明：尾灯，壁灯，金属卤素灯
植物：红橡树，柳树，花楸树，黄栌，
米草，装饰草，楂芒草，漆树
其他：人工草坪

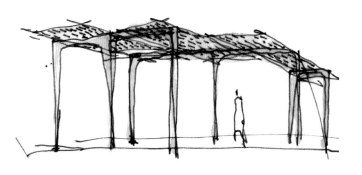

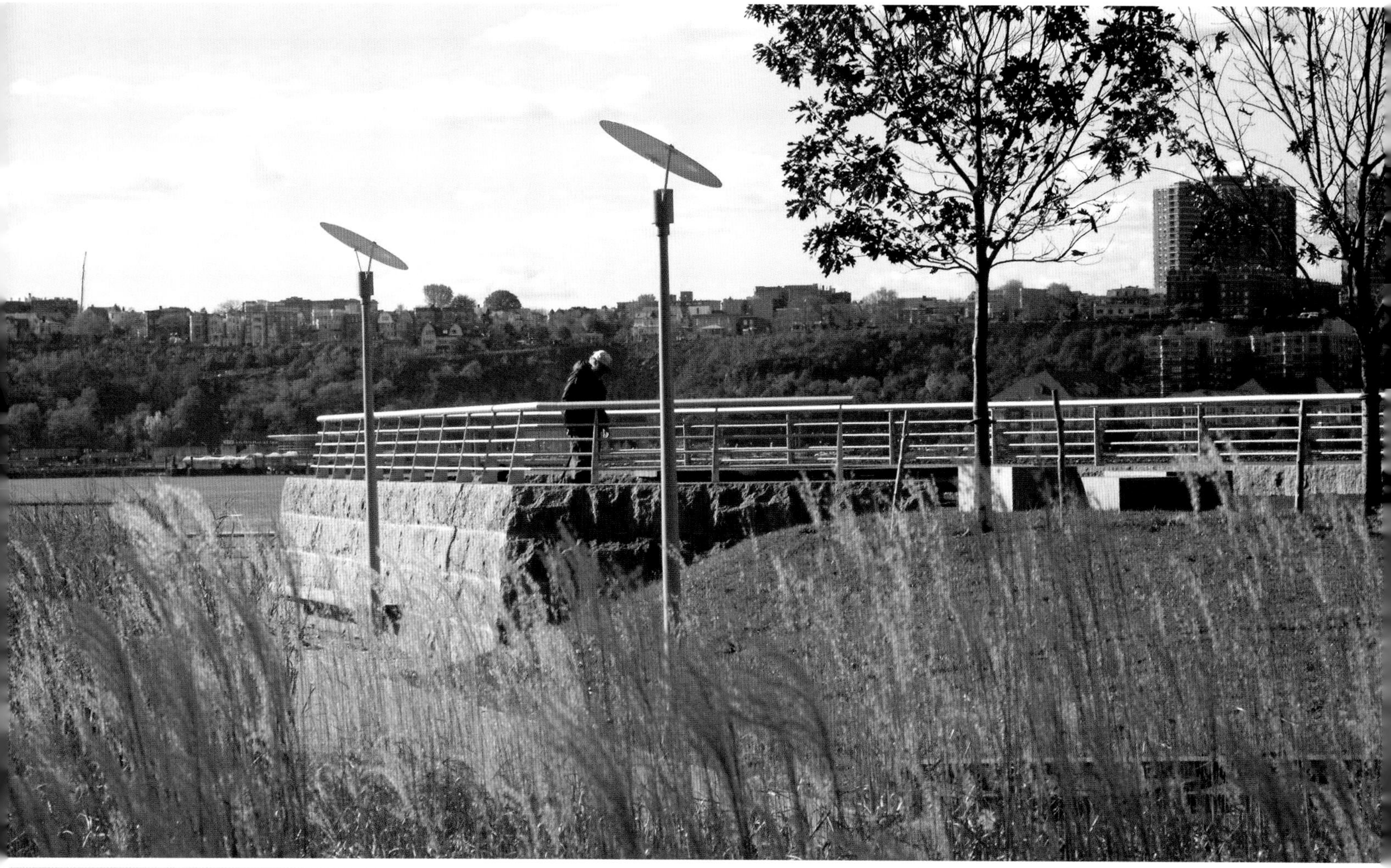

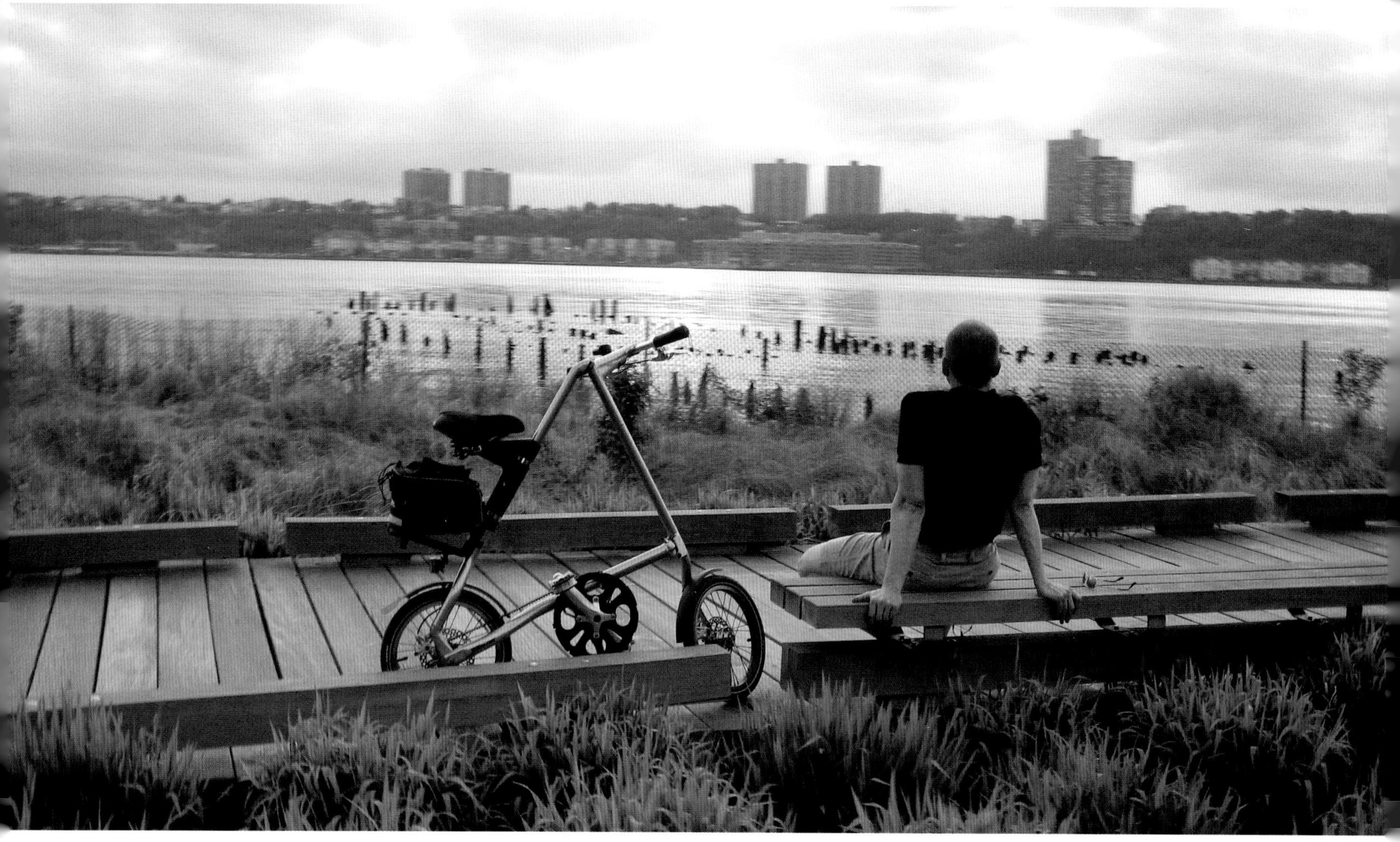

秦皇岛海滩修复工程

The landscape architects can professionally facilitate the initiatives of rebuilding a harmonious relationship between man and nature through ecological design.

该项目位于秦皇岛市渤海海岸，长6.4km。整个场地的生态环境状况遭到了严重的破坏。沙滩已遭到严重侵蚀，植被退化，一片荒芜杂乱的景象。同时从前的盲目开发也使海边湿地遭到破坏。本案设计旨在恢复受损严重的自然环境，向游客和当地居民重现新景观设计的生态美感，并使这里更为生态健康、风光宜人。整个场地共分为三个区域：侵蚀保护区、湿地恢复区及生态友好的碎石堤岸。

生态恢复是本案设计中急待解决的问题，因此景观建筑师追寻自然、社会、经济方面可持续发展的观点，采取了一系列生态设计方案，其中包括：沿以前荒芜的海岸线铺设木栈道，将不同的植物群落连接在一起，作为一种土壤保护措施，使海岸线免受海风、海浪的侵蚀；采用生态友好的玻璃纤维基础，使木栈道立在沙丘和湿地之上；将一座具有教育意义的湿地博物馆建于场地之内，与远处的鸟林自然保护区遥相呼应；该湿地博物馆是景观中的主要设计部分，向湿地延伸，从海洋吹来的微风为炎热的夏季带来凉意，一定程度上节约了建筑物所需的能耗；对原有的水泥护堤公园进行改造，拆除水泥护堤，用环境友好的碎石取而代之；在湖心建立9个绿岛已丰富单调的水面，并为鸟类栖息提供场地。

这些生态恢复设计都取得了显著的成果。被侵蚀的海岸线已得到控制，已退化的沿海湿地被成功修复，乏味没有生态作用的混凝土路被重新修建；连绵不断的木板路将各种各样的植物群落相连接，为游客带来难忘的教育及审美体验；鸟林博物馆与海岸景观融为一体，也成为大海的有机组成部分，更成为风景优美的生态海滩上的焦点。本案展示了景观建筑师如何将生态、工程、创新科技、设计原理相融合，并使之成为恢复已破坏景观的有效措施，同时使人与自然的关系转变为可持续的和谐共生关系。

Location / 地点: Qinhuangdao, China Date of Completion / 竣工时间: 2008 Area / 占地面积: 60 km² Landscape / 景观设计: Turenscape, Kongjian Yu Photography / 摄影: Kongjian Yu Client / 客户: The Landscape Bureau, Qinhuangdao City, Hebei Province, China

地面：石材，木材，混凝土，沙子
其他：玻璃钢

Zone-1

Zone-1

Zone-2   Zone-3

Via Regina公共花园

A composition of few elements in wood or local stone brings up a terrace over the Como Lake in a place of great landscape value.

Via Regina公共花园位于意大利的Brienno，由"Lorenzo Noè | Studio di Architettura"建筑设计公司主持设计。项目所在地区仍有湖边村庄的感觉。与其他许多地区不同，该区域地理环境并没有因无止境的发展而遭到破坏，其自身的特性得到了很好的控制和保持。

该项目地址靠近历史中心的北部，位于当地教堂和公墓的山脚下，石墙上有三个门拱，包括距湖面6m高的堤坝。墙体即不能修改也不能支撑额外负荷。为了将悬崖利用起来，必须在湖上修建其他结构。该建筑结构用单个基座嵌在墙体内，同时以微型柱支撑底部。

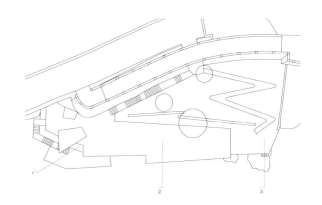

平台表面向北轻微倾斜，即放大了本身的空间感又将它转化成能一览历史中心和对岸风景的小平台。公园包括两个木质部分：休息室和通向码头的台阶。平台与前面地面间的空地用钢丝绳连接，同时也为藤蔓植物提供攀爬支架。

该项目由几个部分组成：石头台阶，木质平台和码头，有着极大的景观价值。所有贴面装饰都是未处理的松木板，它会因自然风化而逐渐变灰，这样便能与周边色调自然相融。上公墓的台阶使用的是从拆迁工地回收而来的石料。建造码头的小片石头是采用当地干燥石材技术安装的。有限的经费（包括预算和后期维修），地理位置本身具备的景观价值和历史价值，及必须尊重已有建筑结构等因素并未给本次设计带来任何限制，反而是对可持续发展设计的一种激励。

Location / 地点: Brienno, Italy Date of Completion / 竣工时间: 2010 Area / 占地面积: 340 m² Landscape / 景观设计: Lorenzo Noè | Studio di Architettura Photography / 摄影: Marco Introini Client / 客户: Town of Brienno

地面: 绿柄桑木
栏杆: 落叶松木，镀锌铁，钢缆
人行道: 当地石材
家具: 石制长椅，钢索
照明: 街灯，分布不匀的金属卤化物壁灯
植物: 络石

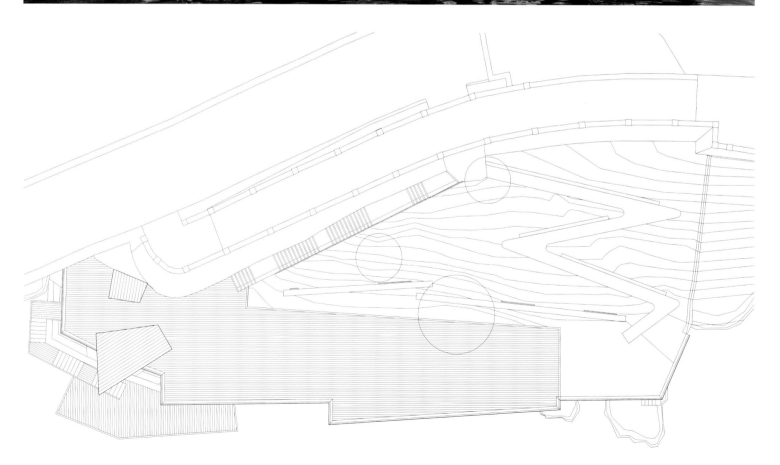

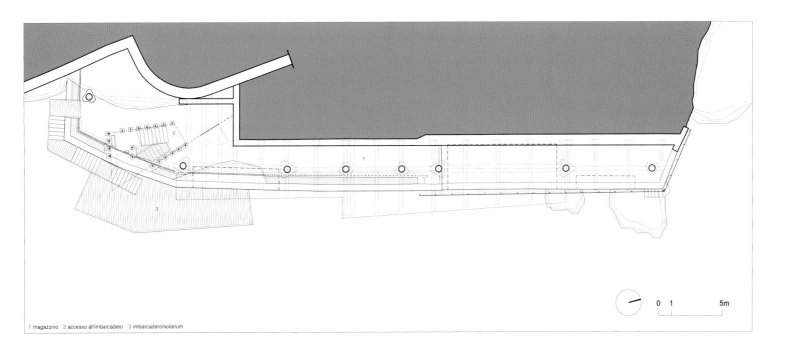

1 magazzino   2 accesso all'imbarcadero   3 imbarcadero/solarium

0   1   5m

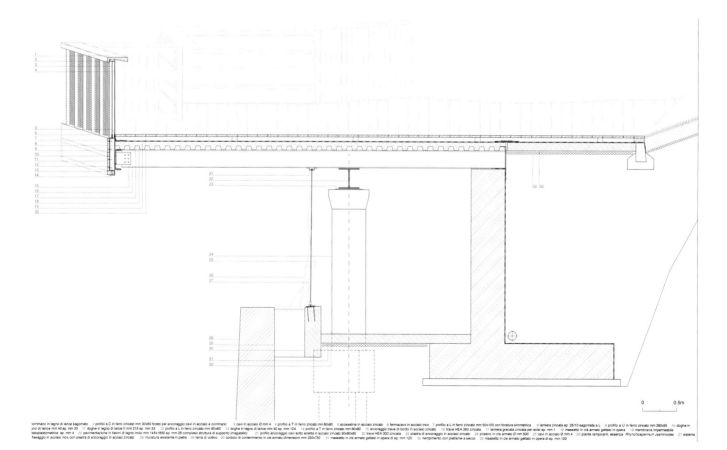

corrimano in legno di larice sagomato 2 profilo a C in ferro zincato mm 30x80 forato per ancoraggio cavi in acciaio e corrimano 3 cavi in acciaio Ø mm 4 4 profilo a T in ferro zincato mm 80x80 5 scossalina in acciaio zincato 6 fermacavo in acciaio inox 7 profilo a L in ferro zincato mm 50x100 con foratura simmetrica 8 lamiera zincata sp. 25/10 sagomata a L 9 profilo a U in ferro zincato mm 280x95 10 doghe in jno di larice mm 40 sp. mm 33 11 doghe in legno di larice h mm 215 sp. mm 33 12 profilo a L in ferro zincato mm 80x80 13 doghe in legno di larice mm 40 sp. mm 104 14 profilo a T in ferro zincato mm 80x80 15 ancoraggio trave di bordo in acciaio zincato 16 trave HEA 280 zincata 17 lamiera grecata zincata per solai sp. mm 1 18 massetto in cls armato gettato in opera 19 membrana impermeable astoplastometrica sp. mm 4 20 pavimentazione in listoni di legno ioko mm 145x1850 sp. mm 28 compreso struttura di supporto (magatello) 21 profilo ancoraggio cavi sotto soletta in acciaio zincato 30x60x80 22 trave HEA 300 zincata 23 piastra di ancoraggio in acciaio zincato 24 pilastro in cls armato Ø mm 500 25 cavi in acciaio Ø mm 4 26 piante rampicanti, essenza Rhynchospermum Jasminoides 27 sistema fissaggio in acciaio inox con piastra di ancoraggio in acciaio zincato 28 muratura esistente in pietra 29 terra di coltivo 30 cordolo di contenimento in cls armato dimensioni mm 250x750 31 riempimento con pietrame a secco 32 massetto in cls armato gettato in opera di sp. mm 120 33 massetto in cls armato gettato in opera di sp. mm 120

0   0.5m

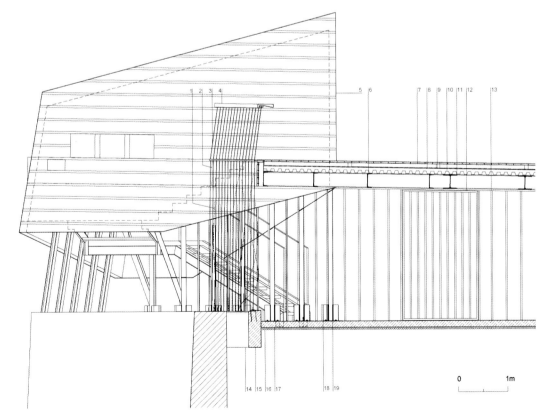

1 2 3 4   5 6   7 8 9 10 11 12   13

14 15 16 17   18 19

0   1m

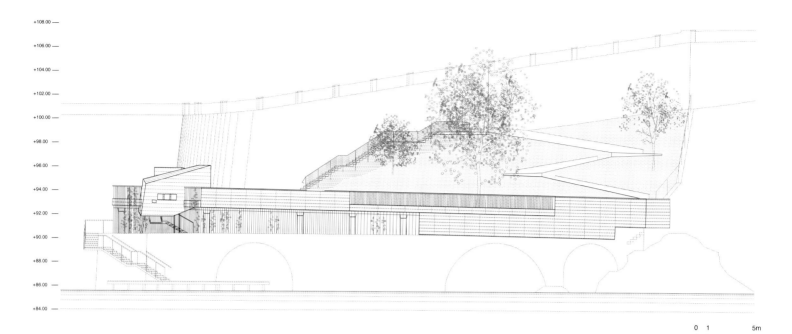

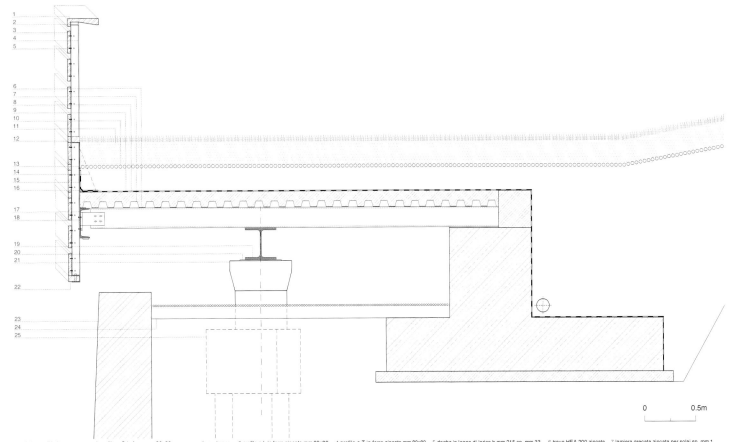

1 corrimano in legno di larice sagomato   2 profilo a C in ferro mm 30x80 per ancoraggio corrimano   3 profilo a L in ferro zincato mm 80x80   4 profilo a T in ferro zincato mm 80x80   5 doghe in legno di larice h mm 215 sp. mm 33   6 trave HEA 200 zincata   7 lamiera grecata zincata per solai sp. mm 1
8 massetto in cls armato gettato in opera   9 membrana impermeabile elastoplastometrica sp. mm 4   10 riempimento con pietrame a secco   11 terra di coltivo   12 doghe in legno di larice mm 40 sp. mm 33   13 scossalina in acciaio zincato   14 costole di irrigidimento in lamiera zincata sp. mm 30   15
lamiera zincata sp. 25/10 sagomata a Z con sviluppo mm 80+460+250   16 lamiera zincata sp. 25/10 sagomata a L con sviluppo mm 200+60   17 profilo a U in ferro zincato mm 280x95   18 ancoraggio trave di bordo in acciaio zincato   19 trave HEA 300 zincata   20 piastra di ancoraggio in acciaio zincato
21 pilastro in cls armato Ø mm 500   22 doghe in legno mm 40 sp. mm 104   23 muratura esitente in pietra   24 strato di ghiaietto lavato sp. mm 120   25 plinto in cls armato base triangolare Ø mm 1100

0   0.5m

爱莫利维尔码头

Emeryville Marina provides unprecedented views of the Bay Bridge, the Golden Gate bridge, the San Francisco city skyline, Alcatraz, and Angel Island.

位于爱莫利维尔市东海湾城旧金山湾的爱莫利维尔码头为海湾大桥、金门大桥、旧金山城的地平线、艾卡兹岛和天使岛提供了前所未有的新视角。

爱莫利维尔码头始建于一处垃圾填埋场，多年来已随着时间的流逝逐渐减低了几米，以至滨海路和一家临近饭店遭遇洪水侵袭。estudioOCA公司与工程师一起确定了该项工程的解决方案。该方案决定在不破坏原有本土树木的情况下将码头的高度再升高1.5m。

海岸线地带是靠巨大的石块堆砌升高的，这些石块由船只从海湾以外的采石场运到这里。新方案将码头高度升至百年以来的洪水线之上。一条旨在让行人和自行车自由穿梭于码头之间，并有着多用途的崭新道路被铺装完成。在码头的角落，以利于欣赏优美景色的视角设计了一处露天场所，而裸露在外的石头则为自行车手和行人提供休息之所，也为当地的渔民提供了便利的地理条件。

为了使大量本土树木周围的地平面得到提升，树木的周围覆盖区域被铺上了碎石路。天然材料的采用使树木的根系可以得到自由伸展，同时也为人们打造出乘凉、休息的场所。用来建筑海岸线地带的石头不需要日常维护，可以节省后期养护费用。同时种植可以抵御干旱、大风和盐碱水侵蚀的本土沿海植被，也体现了本案设计的生态化理念。

Location / 地点: Emeryville,USA Date of Completion / 竣工时间: 2008 Area / 占地面积: 12,200 m² Landscape / 景观设计: estudioOCA / Omg Photography / 摄影: Bryan Cantwell Client / 客户: City of Emeryville

人行道：沥青
座位区地面：碎石护岸；当地石材
植物：杨梅树，晕灯草，伯克利莎草

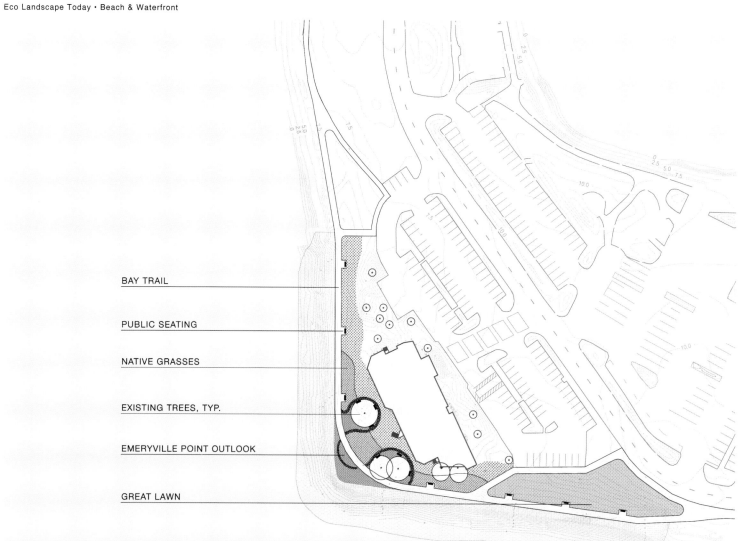

BAY TRAIL

PUBLIC SEATING

NATIVE GRASSES

EXISTING TREES, TYP.

EMERYVILLE POINT OUTLOOK

GREAT LAWN

海湾船艇公司景观改造

The project was created near the ferry terminal to serve as an entry point for this section of the Bay Trail, oriented at an angle to provide views of the Oakland estuary and the San Francisco Bay.

该项目作为Bay Trail的延伸，同时也是一段绵延500km长，连接47座城市，贯穿旧金山港湾区的自行车道和步行道网络之一。本案设计部分起自Alameda渡船站，经过一条工业走廊，沿线分布着海湾船艇公司的产业。

在渡船码头建一个广场即可作为Bay Trail的入口，又可衬托奥克兰河口和旧金山湾的美丽景色。从造船厂收集而来的废旧构造已经另作它用，成为新景观中的关键因素，并反映了该地区的工业历史。这些元素的回收利用减少了本案建设对新材料的需求，并使这些材料免于因被填埋处理而浪费。

嵌入场地中的一个螺旋桨成为广场的焦点所在。重新剖光打磨后的工字梁被涂成了亮红色，成为广场中央的座椅设施。一个废旧的锚被安置在广场一角，锚上的锁链则划出了海岸线的边界。一对吊艇架悬于入口处，作为小路延伸出的大门。

小路沿线的绿化设计低调简朴，呈线形分布的本土草种草坪绿化带强化了广场的几何形状。这种低矮的绿化设计使水景特色得以突出，也与场地内的工业化特质相符。所选植物为耐旱植物，以减少场地对水灌溉的需求。除此之外，场地边缘的这些植物也能避免积水全部流入港湾而浪费。

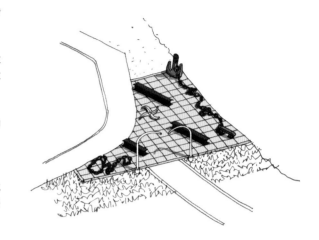

Location / 地点: Alameda, USA Date of Completion / 竣工时间: 2008 Area / 占地面积: 2500 m² Landscape / 景观设计: estudioOCA / Omg Photography / 摄影: Bryan Cantwell Client / 客户: Bay Ship and Yacht Company

广场: 混凝土
人行道: 花岗岩，混凝土地面
植物: 新西兰麻

SHORELINE

ANCHOR

I-BEAM SEATING

PROPELLER

NATIVE PLANTING

BAY TRAIL

DAVIT GATEWAY

CHAIN

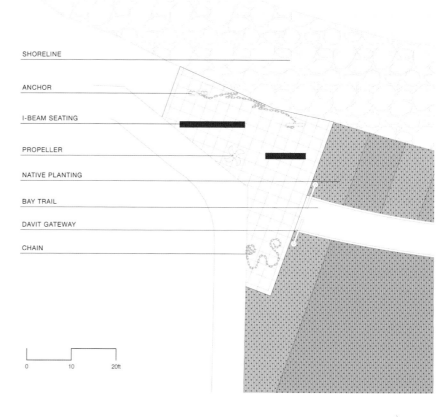

0   10   20ft

FERRY STATION   PUBLIC PLAZA   BAY TRAIL   NATIVE PLANTING   SHORELINE   SHIPYARD

0   50   100ft

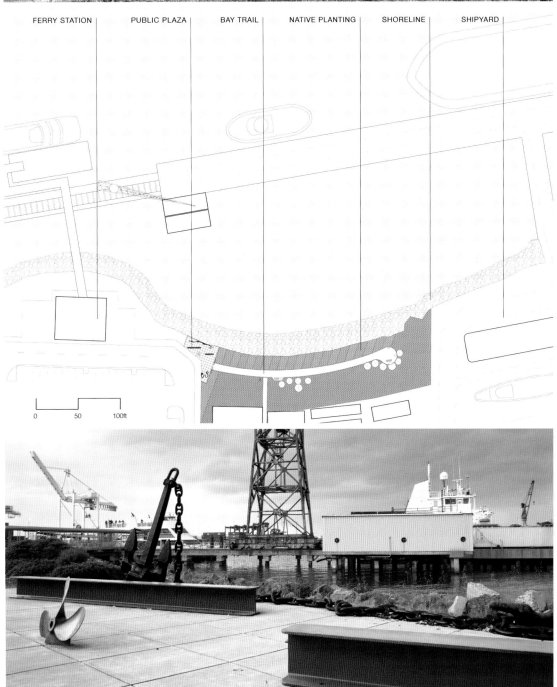

86-139

文化区
Cultural Zone
ECO LANDSCAPE TODAY
Copyright © 2012 Dopress Books

亚利桑那州立大学理工学院景观

The goal was to transform the former barren Air Force base into a thriving campus for learning.

亚利桑那州立大学理工学院校园包括84,984m²的场地及五个新建成的教学楼建筑。本案旨在将之前荒芜的空军基地改造为能够提供有朝气的学习环境的校园。每个单独的建筑庭院的设计都与学校整体规划相关联。

莫里森学校农业庭院包括一系列的灌溉渠建设，用以灌溉树丛，令人们想起东部河谷地区的农业历史。科技庭院的种植墙上生长着由学生耕种的本地生植物，毗邻灌溉水车，具有与亚利桑那州峡谷相似的定期性的水事活动。

人文艺术教育学院呈现圆形露天剧场的建筑结构，由可再生的人行道材料构成，院内设有一辆灌溉车。Wanner Sutton庭院成为连接行政办公楼之间的人行路径，大胆的建筑结构设计由本地生滨水树木及植被进行点缀，这些植物由收集、储存相邻建筑物的回收水进行浇灌。

在亚利桑那州立大学理工学院校园中心，学术校园作为学习实验室及社会互动的聚集场所位于独特的区域。它成为河谷地区其他改造项目的范例，展示项目的改造及对人们日常生活的积极影响。当户外环境和空间被给予重视，采用专用资源将理念付诸实践时，以上目标便得以实现。

该工程采用了以下几种可持续性设计技术：采用可再生混凝土、废弃的河中岩石、具有渗透性的铺装路面、水回收技术、当地天然材料、废弃的树木及仙人掌等耐旱植物，以及降低城市热岛效应的设计手法。沿着行人小路的近处及远处的雨水汇聚成一条中央河谷，与一系列小面积生态沼泽地交融，时刻令人们联想到干旱环境中水资源的无比珍贵。

Location / 地点: Mesa, USA Date of Completion / 竣工时间: 2010 Area / 占地面积: 84,984 m² Landscape / 景观设计: Ten Eyck Landscape Architects, Inc. Photography / 摄影: Bill Timmerman Client / 客户: Arizona State University

墙体：护栏石笼网，天然表层色钢材，
金属丝网
人行道：稳定风化的花岗岩，混凝土
照明：太阳能灯
植物：草皮，灌木，仙人掌，耐旱藤蔓

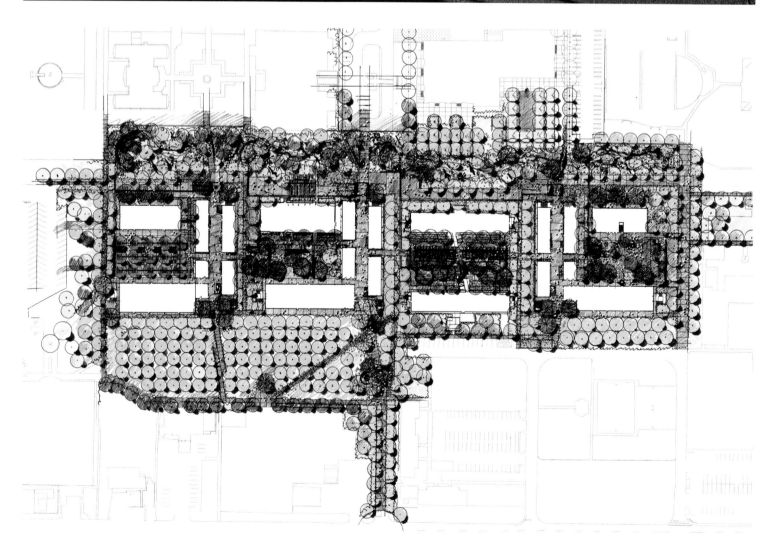

澳大利亚国家美术馆-澳大利亚花园

Sustainable design principles underpinning the project National Gallery of Australia include the choice of low embodied energy materials.

占地25,000m²的后工业滨水公园位于悉尼港Birchgrove半岛上之前受到污染的润滑剂生产基地，该设计已获得众多奖项。项目所在地具有丰富的历史文化底蕴。这里曾是当地人的私有财产，19世纪60年代默勒维亚海滨别墅曾创建于此，从20世纪20年代至2002年曾用于采石场和美国德士古石油公司在此进行石油蒸馏等。

项目灯光布局与各种材料的使用为场地打造出丰富却不杂乱的视觉层次。精心设计的方案旨在打造出一种高雅而不会过时的公共区域景观，并以生机盎然的景色吸引澳大利亚国家美术馆的新老顾客及花园游客驻足于此。此外，公共空间（室内及室外）的设计将持续为城市生活作出巨大贡献。

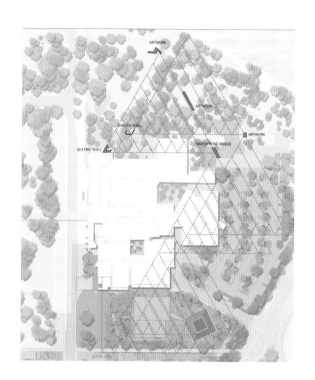

设计中采用了世界领先的可持续性理念，将碳排放量减少到最低，并从生态角度使该地修复一新。同时以融合人文因素与环境创新方法为当地居民恢复改造了这处绿色海角公园。ESD技术通过结合本地生植物、雨水采集过滤系统、再生材料及创造能源再生的风力涡轮机的采用使其受到支持。作为主要顾问，McGregor Coxall 负责项目管理、设计开发、建设文件及为客户管理建筑承包合同等事宜。

本案主要采用的可持续性设计理念包括低能耗材料的选用。澳大利亚板岩、花岗岩、混凝土骨料及当地采石场的碎石料的使用与目前工程结构材料的运用保持一致。堪培拉地区的大量本地生植物用来完善成熟桉树的成长环境，在呈现几何学美感的草坪周围形成浓密的绿化带。雨水在外部区域及建筑屋顶处被收集起来，以供内部再利用及新花园的灌溉。

Location / 地点: Canberra, Australia Date of Completion / 竣工时间: 2010 Area / 占地面积: 36,000 m² Landscape / 景观设计: McGregor Coxall Photography / 摄影: Christian Borchert, Simon Grimmett, John Gollings Client / 客户: National Gallery of Australia

墙体：混凝土，景观缝预制混凝土
水边线：花岗岩瓷砖
地面：花岗岩地砖，混凝土
扶手：钢材
植物：澳大利亚当地草皮

A Scale 1:20
2·74 Plan

1·2mm pencil round

B Scale 1:10
2·74 Plan

C Scale n.t.s.
2·74 Isometric

WATER CIRCULATION DIAGRAM

SURFACE PERMEABILITY & IRR

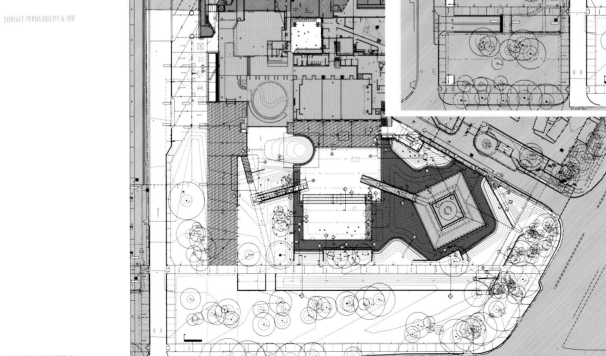

SURFACE FLOWS & WATER HA

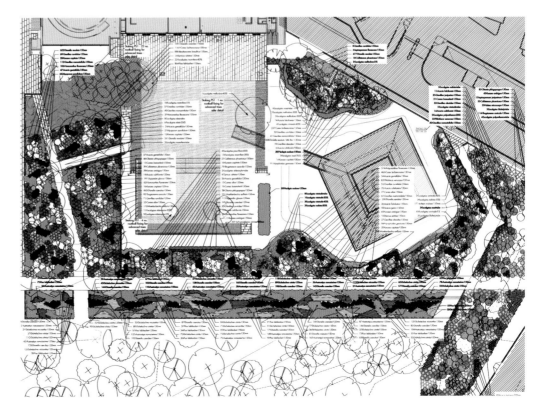

不莱梅洲际中学

This school has a direct link to the university grounds and is innovative in it's learning styles and opportunities that have been created and enhanced by best practice design.

不莱梅洲际中学坐落于澳大利亚Ipswich，与昆士兰大学相邻。Blackburne Jackson Design公司的景观设计师负责从概念设计到施工的所有环节，直到最终验收合格。在树荫的映衬下，一个干净、整洁、清晰的入口呈现在眼前。贯穿整个场地的线性连接元素用途广泛。作为初中部和高中部核心区域的两个中心庭院给学生们提供了室外学习的机会，同时庭院也可用作露天舞台、观众席、时尚走秀台，户外花园和手球运动场。

建筑物背光及阴影部分对极端的炎热和寒冷可以起到缓解作用，帮助控制温度，用最少的能量来给房子供暖和降温。指定当地可利用材料来将减少运输及相关能耗和油耗，其中运输方面最主要的节能环节之一就是利用当地的沙石砌成总面积达9500m²的墙体，这个面积相当于7个奥运标准泳池的大小。

储备于地下的回收水主要用于节约用水的滴灌系统和厕所冲洗。同时，灌溉区选择种植耐干旱植被，地势较高地带采用人造草皮的做法，都可以进一步节约用水。雨水过滤装置的安设避免了重金属、化肥和沉积物污染附近的水道。

回收混凝土材料被当作排水砾石，用在了所有排水渠道和档土墙背后。回收混凝土的使用最大限度地减少了垃圾填埋工作，并降低了从河里开采沙石的需求量。整个工程共节省了超过2500m³的天然河道采石量。这相当于修建一座奥运标准游泳池所需天然石材的体量。

场地内原有的土壤未被动用，并在全天然添加剂的辅助下得到改善，成为适合种植的土壤。如果引进土壤，不仅剥夺了原生物种的栖息地，还会造成水道的沉降和破坏。由于运输的需要，还会额外产生巨大的碳排放量。可回收垃圾箱的安放也被纳在方案之中。

Location / 地点: Ipswich, Australia Date of Completion / 竣工时间: 2011 Area / 占地面积: 100,000 m² Landscape / 景观设计: Blackburne Jackson Design Photography / 摄影: Blackburne Jackson Client / 客户: Evans Harch Pty Ltd and Education Queensland

人行道：混凝土，钢网
草皮：耐旱天然草皮，耐磨人工草皮
植物：银桦
排水碎石：再生混凝土

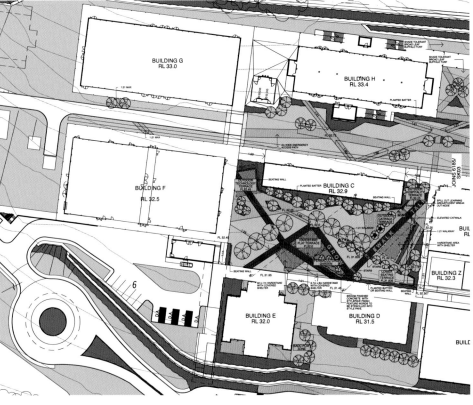

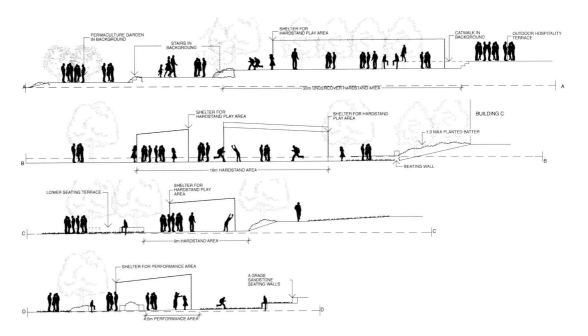

PERMACULTURE GARDEN IN BACKGROUND

STAIRS IN BACKGROUND

SHELTER FOR HARDSTAND PLAY AREA

CATWALK IN BACKGROUND

OUTDOOR HOSPITALITY TERRACE

A — 20m UNDERCOVER HARDSTAND AREA — A

SHELTER FOR HARDSTAND PLAY AREA

SHELTER FOR HARDSTAND PLAY AREA

BUILDING C

1:3 MAX PLANTED BATTER

B — 16m HARDSTAND AREA — B

SEATING WALL

LOWER SEATING TERRACE

SHELTER FOR HARDSTAND PLAY AREA

C — 9m HARDSTAND AREA — C

SHELTER FOR PERFORMANCE AREA

A GRADE SANDSTONE SEATING WALLS

D — 4.6m PERFORMANCE AREA — D

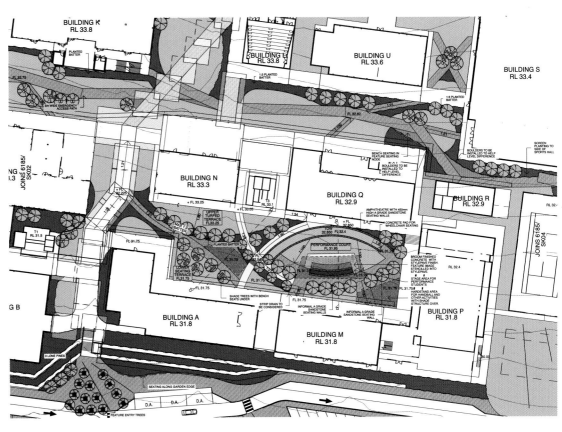

BUILDING K
RL 33.8

BUILDING L
RL 33.8

BUILDING U
RL 33.6

BUILDING S
RL 33.4

PLANTED BATTER

1:3 PLANTED BATTER

3m WIDE EMERGENCY ACCESS PATH

1:3 PLANTED BATTER

FL 32.75

FL 32.82

SCREEN PLANTING TO SIDE OF SPORTS HALL

BENCH SEATING IN FEATURE SEATING NODE

BOULDERS TO BE INSTALLED TO HELP LEVEL DIFFERENCE

BOULDERS TO BE INSTALLED TO HELP LEVEL DIFFERENCE

NG ... 1.3

JOINS 6185/SK02

BUILDING N
RL 33.3

BUILDING Q
RL 32.9

BUILDING R
RL 32.9

JOINS 6185/SK04

T1 RL 31.5

UPPER TURFED TERRACE FL 33.25

LOWER SEATING TERRACE FL 31.75

PLANTED BATTER

AMPHITHEATRE WITH 450mm HIGH A GRADE SANDSTONE SEATING WALLS

CONCRETE PAD FOR WHEELCHAIR SEATING

PERFORMANCE COURT FL 31.95

BROOM FINISHED CONCRETE WITH STYLEPAVE FINISH. FEATURE IMAGE STENCILLED INTO STYLEPAVE.

STAGE AREA FOR PERFORMANCE STUDENTS

HARDSTAND AREA FOR HANDBALL AND OTHER ACTIVITIES WITH SHADE STRUCTURE OVER.

G B

SHADE TREES WITH BENCH SEATS UNDER

STRIP DRAIN TO BE CONSIDERED

INFORMAL A GRADE SANDSTONE SEATING WALLS

INFORMAL A GRADE SANDSTONE SEATING WALL

BUILDING A
RL 31.8

BUILDING M
RL 31.8

BUILDING P
RL 31.8

3 LONE PINES

SEATING ALONG GARDEN EDGE

D.A.   D.A.   D.A.

FEATURE ENTRY TREES

科技创新园区

The Ecolinc project at Bacchus Marsh Secondary College demonstrates a new level of potential for the design of school landscape environments.

巴克斯马什二级学院和当地政府连同巴拉腊特大学一起见证了知识环境如何与自己的使命完美结合。在这里媒介意味着大量的信息，对设计团队来说，则是构建生态环境的举措。

建筑物所在地有着非常典型的旧址遗留问题。校园内到处杂草丛生，像长满野草的围场，其间分散地生长着外国品种的树木和接近于零生态价值的本地树木。对于来访人员、教职工、学生以及其他领域的人来说，最终的建造成果使这里焕然一新，成为一个生物多样性教学和研究基地。

从附近街道回收而来的雨水被收集、存储、处理，再流入其中的一个蓄水池，主要用于在学校外围创建人工湿地。排出的污水会经过监测，以确保水质得到巨大的改善，之后处理后的回收水将流向附近的华勒比河。设计中采用的陆地植被全都是本土品种，这些和本土水生植物都是针对这个项目特别种植的。

本案是一项从本质上将科研成果面向公众开放、分享的科学实验作品。设计荣获了多个建筑类、景观类奖项，它不仅仅是有形的观赏作品，其本身就是一个能为人们丰富知识的宝贵研究对象。

Location / 地点: Victoria, Australia Date of Completion / 竣工时间: 2005 Area / 占地面积: 9000 m² Landscape / 景观设计: Michael Wright, Catherine Rush, Zoe Metherell Photography / 摄影: John Gollings, Michael Wright Client / 客户: Department of Education and Training

材料: 花岗岩，碎石，卵石，玄武岩，灌木，草皮，香草，地被植物，湿地植物

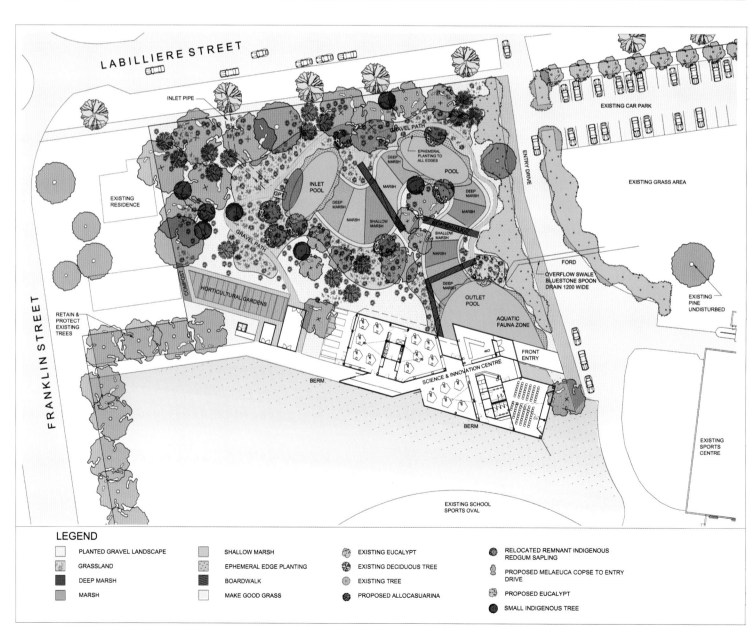

LEGEND

PLANTED GRAVEL LANDSCAPE	SHALLOW MARSH	EXISTING EUCALYPT
GRASSLAND	EPHEMERAL EDGE PLANTING	EXISTING DECIDUOUS TREE
DEEP MARSH	BOARDWALK	EXISTING TREE
MARSH	MAKE GOOD GRASS	PROPOSED ALLOCASUARINA

RELOCATED REMNANT INDIGENOUS REDGUM SAPLING

PROPOSED MELAEUCA COPSE TO ENTRY DRIVE

PROPOSED EUCALYPT

SMALL INDIGENOUS TREE

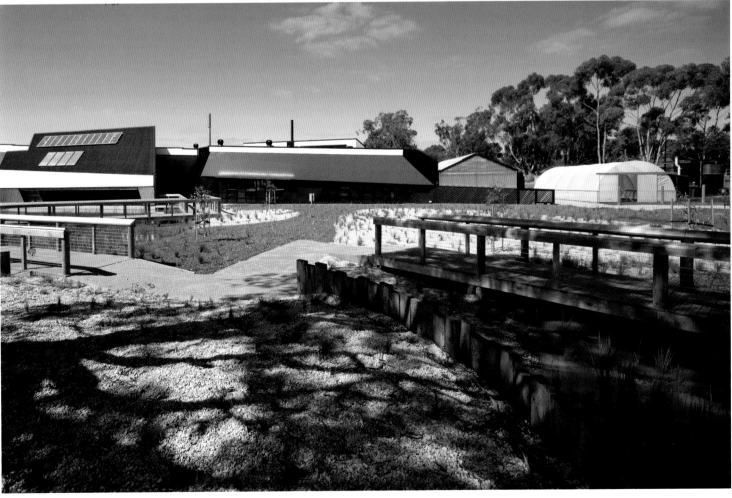

Burle Marx教育中心

The building realized the relationship between architecture and landscape, floating over the lake, creating a beautiful garden on its roof, promoting open air circulation spaces, it integrates art and nature.

Inhotim是一个独特的地方，里面收藏着众多的艺术作品，这些艺术品均陈列在室外与临时搭建或永久性的画廊里，且都坐落在极美的植物园内。园林绿化最初受著名的建筑师和景观艺术家Roberto Burle Marx女士的启发，将珍稀濒危的植物物种以极其美观的构成方式分布于整个区域内五个湖泊周围和一个森林保护区内。

Inhotim研究所成立了一个代表公共利益的民间社会组织。除了开展本地艺术鉴赏和娱乐活动，从而使其在同类机构中脱颖而出，该组织还试图进行环境调查研究、教育工作，以及进行一个关于社会包容度及当地居民公民权的重要项目。

在有限的可用空间里，想要修建原有景观中的建筑，必须要有略高于湖面而又略低于周边环绕物的横向展馆设计。屋顶被用来充当连接博物馆不同部分、高架广场与巨大倒映池之间的桥梁。人们可以在池水中发现不同种类的植物。这是一个凝聚智慧和发人深思的地方，体现了建筑与景观设计间的紧密结合。

建筑物主入口正好穿过广场，通过该广场就可以进入一个通往公众接待处的宽阔圆形露天剧场。从接待区，人们可以直接通往图书馆、工作室、礼堂和咖啡屋。想要穿过高架广场，屋顶也是通往博物馆的不错之选。该建筑实现了与景观的巧妙融合，波光粼粼的湖泊和美丽的屋顶花园都十分利于周边空气的畅通循环，这里俨然是艺术与自然的结合体。

屋顶由三个混凝土肋板铸造而成，有80cm高，结构的设计以及所用材料的选择都具有一定的合理性。合理的结构组织也解决了板块缝隙伸缩上的技术需求，切成独立的板块被用来建造图书馆、工作室和礼堂。

在高架广场上唯一得到体量扩大的地方是会堂舞台之上的科技区，同样也是由坚固的肋板建造而成。地板的设计更为自由奔放。广场通道和接待区之间的高度差距成功打造出一个面向建筑的户外露天剧场。

Location / 地点: Brumadinho, Brazil Date of Completion / 竣工时间: 2009 Area / 占地面积: 170,425m² Landscape / 景观设计: Arquitetos Associados Photography / 摄影: Daniel Mansur, Leonardo Finotti
Client / 客户: Centro de Arte Contemporanea Inhotim

地面：混凝土嵌板
其他：混凝土，泥灰，钢化玻璃，铝制
百叶窗，石材

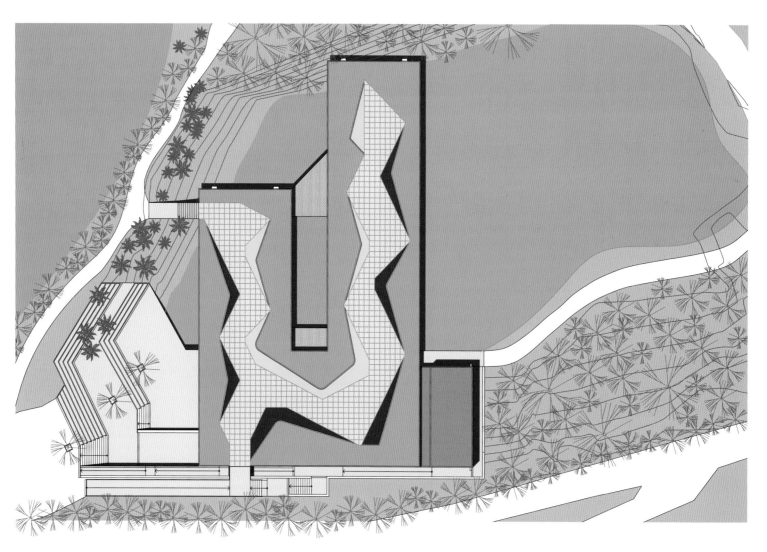

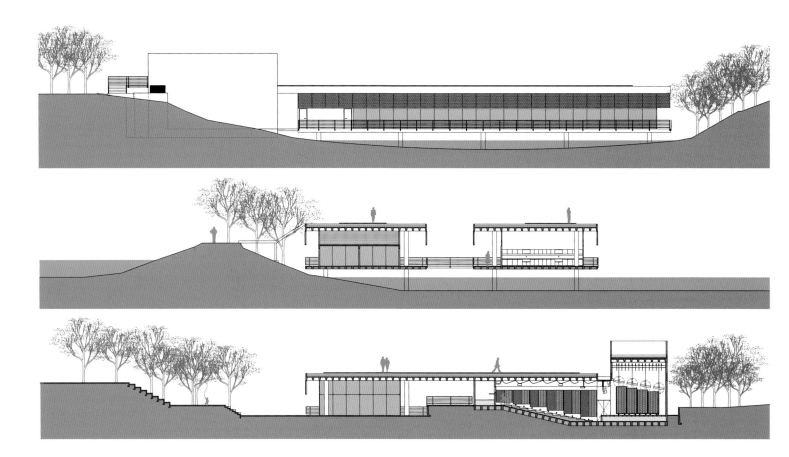

兵库县穹顶多功能网球馆

The continuous surface of roof and wall is covered with plants on artificial soil in which the bark of Japanese cedar and cypress are mixed.

兵库县穹顶多功能网球馆的室内、外空间设计融会贯通、相辅相成。在建筑体量及性能方面，通过宽大的室外墙体控制室内环境的设计是该网球馆项目的一大特色。

一旦未来有灾难发生，该建筑还可被用作紧急避难场所。考虑到紧急救援对空间大小的需求，将标准的空间框架系统覆盖在所需空间之上的设计手法使空间进一步扩大。四个巨大入口的设计允许卡车的进出。除此之外，圆形屋顶和后面庭院也都设有出口。

连绵的屋顶表面及墙体由生长在人造土壤里的植物覆盖，这些土壤里面混合有日本雪松和柏树的树皮。植有十种植物种子的混合土壤被喷洒在最大倾角为70度的墙体上。在喷洒之初，墙体表面只是呈现土壤的黑色，半年之后，植物逐渐生长而变得绿意盎然。覆盖建筑的植被在朝阳的一侧覆盖高度达20m，在北部仅有4m。植物墙体绿化的设计具有极好的绝缘效果，即使在盛夏，室外温度高达40摄氏度时，网球馆内部温度才接近30度，隔热效果明显。

通常情况下，巨大的室内空间即使在白天也仍然需要人工照明。所以网球馆内安设了三盏巨大的顶灯，令室内获得足够的照明，同时可减少人工照明的能量消耗。玻璃上粘有密封条和隔热膜，可以降低太阳光直射而导致的室内温度升高。除此之外，百叶窗的设置可便于顶灯周围的空气流通。

Site Plan   S=1:1000

Location / 地点: Kobe, Japan **Date of Completion** / 竣工时间: 2007 **Area** / 占地面积: 1,124,000 m² **Landscape** / 景观设计: Endo Shuhei Architect Institute **Photography** / 摄影: Endo Shuhei Architect Institute, Yoshiharu Matsumura **Client** / 客户: Hyogo Prefecture

地面：橡胶砖，草皮，沥青

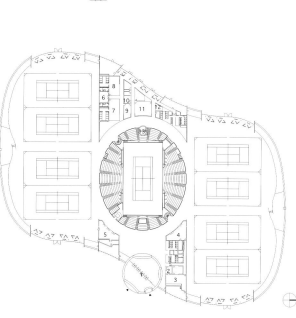

Plan S=1:500

钢铁博物馆

Environmentally sensitive technologies, such as green roofs and a storm water collection system — offer a new approach to the landscape while respecting the original context.

该博物馆位于每年可接纳二百万以上游客的现代芬迪多拉公园中心，向人们讲述着钢铁生产的故事。本案景观设计呈现了这里曾有的光辉工业历史，也展现了博物馆在周围景观环境中的突出地位。景观总体规划使70m高的熔炉构造的外在轮廓得以强调，与此同时使其与新结构的现代设计互为融合。大部分从现场回收再利用的钢铁被广泛应用，帮助定义公众广场、表现喷泉及景观露台。旧工业遗址的再利用和现场材料的回收利用，结合相应绿色技术，共同实现了该项目的生态恢复。

绿色屋顶的使用广泛或集中地遍布博物馆的景观设计中。作为拉丁美洲最大的屋顶系统，它可在一定程度上帮助减少新建筑物带来的视觉冲击。原有的熔炉构造矗立在新建成的地平面上。根据新建筑的屋顶图案，在较高的屋顶上种植了各种各样的耐旱景天属植物。圆形观景平台允许游客在此欣赏周围地区的广阔景观和远处的Sierra Madres风景。下面的"绿毯"创造了这里与前工业环境背景的关联，同时它还具备退化土壤的生物修复功能，并可起到为新结构提高热效能的作用。

可持续性理念成为本案设计的核心要素。建筑及整体景观设计中都最大限度地回收再利用工业制造产品和采用绿色新技术。新建成的户外展示空间既诠释了这里悠久的历史文化，同时也展现了未来它在艺术方面将有的发展机遇。

Location / 地点: Monterrey, Mexico Date of Completion / 竣工时间: 2009 Area / 占地面积: 15,000 m² Landscape / 景观设计: Surfacedesign Inc. Photography / 摄影: Surfacedesign Inc. Client / 客户: Mr. Luis López (General Director of the Museo Del Acero Horno³)

植物：硬叶榆，蓝假紫荆
当地草种：灯芯草，黄紫，景天属植物

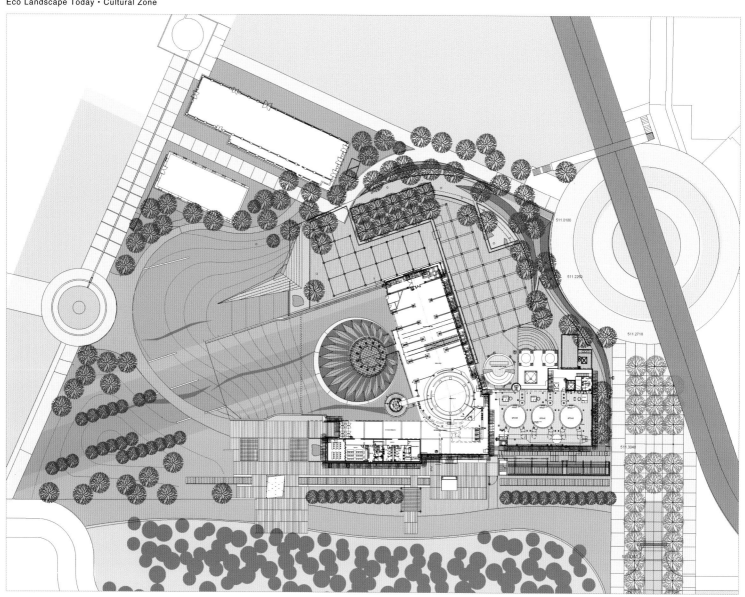

威斯巴登市雕塑游乐场

By modeling natural topography through eco-friendly material, the project calls people returning to nature.

威斯巴登市Schulberg山的翻新改建营造出一种极其新颖的公共空间氛围。新公共空间的核心是由一个极具艺术美感的硕大运动场构成。全新的运动场尝试突出场地在都市内的重要性，同时为开展游戏活动提供一个吸引人的综合型游乐场所。该运动场以其杰出的建筑美感，俯瞰市中心的视角吸引着各年龄段和种族背景的人们在此举行各种活动、相聚交流。

典型的设计元素是两根高低起伏的绿色钢管。在个别地方，钢管悬高达23m，足以给人留下深刻的印象。五角形状的构造源自威斯巴登市以前在地图上呈现出的形状，而钢管戏剧性的俯冲角度则比喻在此地点向下俯瞰都市时才有的感觉。这里所用的管材全部为环保钢制品。钢管结构之间编织的攀爬网是为孩子们在上面做游戏而设计的。其中有6个为游戏准备的停留点：可弹跳"细胞"、为攀爬摆动的藤状物、游戏隧道、可跳跃橡胶板、网状秋千、陡峭的攀爬墙和一个刺激冒险的滑梯。攀爬结构同时被赋予了模拟地势的含义。小山和吊环由绿色柔软的橡胶制成，不但为孩子们提供了游戏场所，也为家长提供了休息场地。运动场周围有一条宽阔的林荫道，这样的设计既为看护儿童的家长提供了休息处，也可让他们在此欣赏周围的美景。无烟煤、优雅的弧形边栏，既与运动场的五角形状相呼应，又使游乐场与林荫大道分隔开来。

该游乐场鼓励孩子们积极锻炼身体。早期的体育锻炼是保持身体健康成长的重要方法。具有游乐功能的雕塑体结构的曲线设计和橡胶山开口（貌似甜甜圈）的设计，巧妙地避免了原有树木不被破坏。所有地表覆盖物都具有良好的渗透性，以便雨水可以及时渗入地下，而不必过于依赖污水处理系统的使用。游乐场内的雕塑结构全部为预制构件，可在现场短时间内安装完毕，因此这种方式既缓解了建筑场地内的交通压力，同时又保证了游乐场准时对外开放。

Location / 地点: Wiesbaden, Germany Date of Completion / 竣工时间: 2011 Area / 占地面积: 3250 m² Landscape / 景观设计: ANNABAU Architecture and Landscape Photography / 摄影: Hanns Joosten
Client / 客户: Stadt Wiesbaden

运动场：钢管结构
地面：橡胶，沙子，碎石，花岗岩

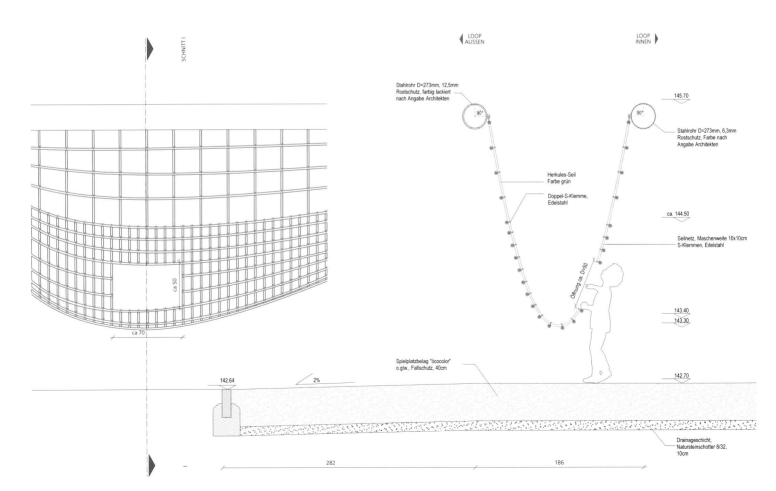

SCHNITT I

LOOP
AUSSEN

LOOP
INNEN

Stahlrohr D=273mm, 12,5mm
Rostschutz, farbig lackiert
nach Angabe Architekten

90°

145.70

90°

Stahlrohr D=273mm, 6,3mm
Rostschutz, Farbe nach
Angabe Architekten

Herkules-Seil
Farbe grün

Doppel-S-Klemme,
Edelstahl

ca. 144.50

Seilnetz, Maschenweite 10x10cm
S-Klemmen, Edelstahl

ca 50

Öffnung ca. D=50

143.40
143.30

ca 70

Spielplatzbelag "öcocolor"
o.glw., Fallschutz, 40cm

142.64

2%

142.70

Drainageschicht,
Natursteinschotter 8/32,
10cm

282

186

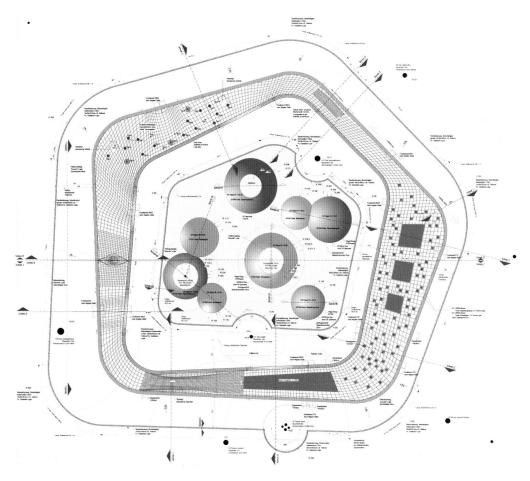

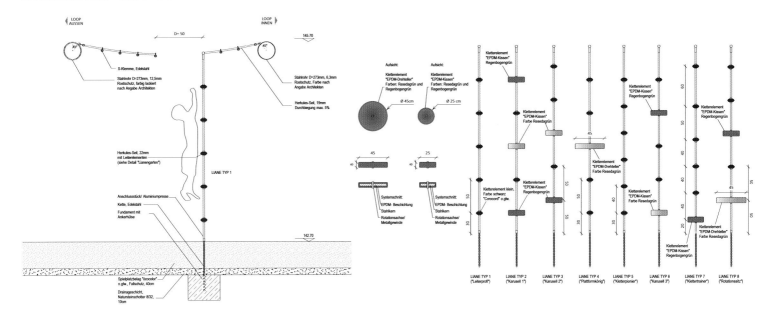

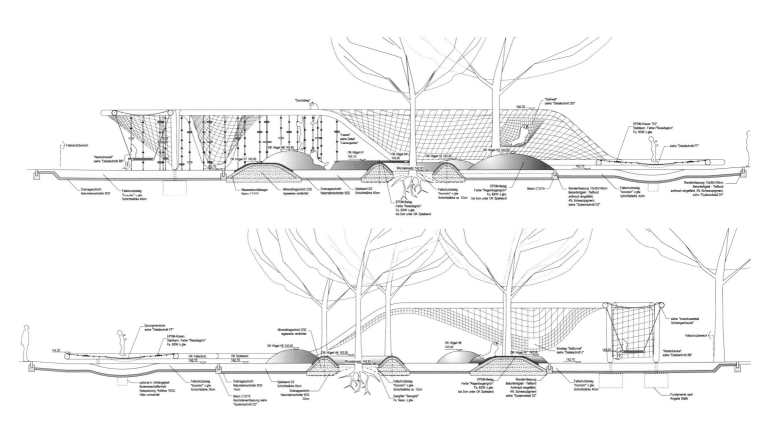

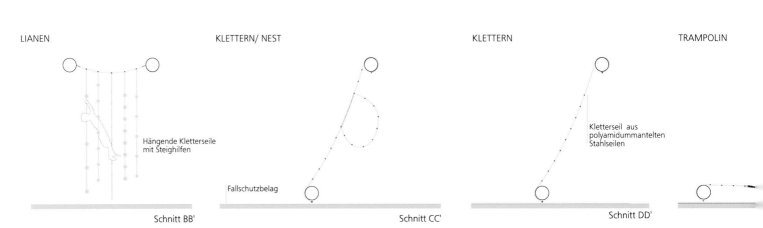

LIANEN

Hängende Kletterseile mit Steighilfen

Schnitt BB'

KLETTERN/ NEST

Fallschutzbelag

Schnitt CC'

KLETTERN

Kletterseil aus polyamidummantelten Stahlseilen

Schnitt DD'

TRAMPOLIN

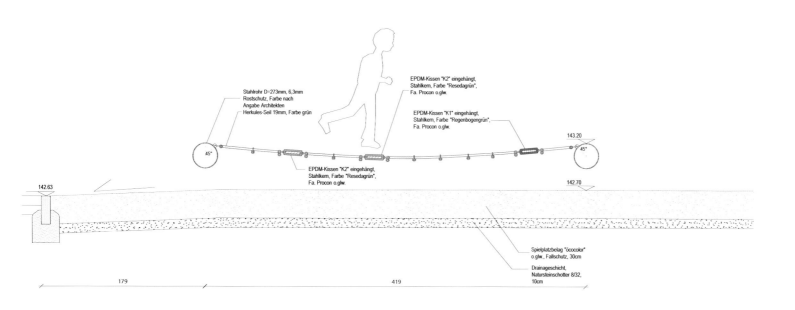

Stahlrohr D=273mm, 6,3mm
Rostschutz, Farbe nach
Angabe Architekten
Herkules-Seil 19mm, Farbe grün

EPDM-Kissen "K2" eingehängt,
Stahlkern, Farbe "Resedagrün",
Fa. Procon o.glw.

EPDM-Kissen "K1" eingehängt,
Stahlkern, Farbe "Regenbogengrün",
Fa. Procon o.glw.

EPDM-Kissen "K2" eingehängt,
Stahlkern, Farbe "Resedagrün",
Fa. Procon o.glw.

45°

143.20

45°

142.63

142.70

Spielplatzbelag "öcocolor"
o.glw., Fallschutz, 30cm

Drainageschicht,
Natursteinschotter 8/32,
10cm

179

419

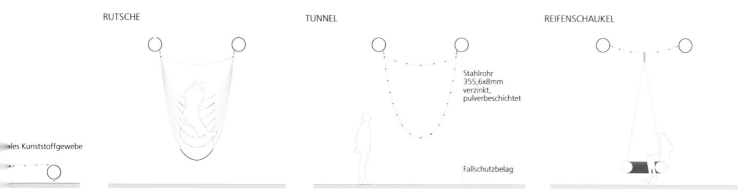

RUTSCHE

TUNNEL

REIFENSCHAUKEL

Stahlrohr
355,6x8mm
verzinkt,
pulverbeschichtet

Fallschutzbelag

...les Kunststoffgewebe

Schnitt EE'

Schnitt FF'

Schnitt GG'

Schnitt HH'

亚德韦谢姆大屠杀博物馆大楼

The design for the Holocaust Memorial was intended to create an environment of support and reflection on the past while emphasizing its connection to the present by making it feel part of the surroundings of Jerusalem.

这一国家级重点项目旨在为团体集会及大规模民众活动的场所提供景观设计。开放空间的景观设计作为展示空间的背景，为游客提供一处休息、小憩的地方。设计中需要考虑到巨大客流量的因素，所以包括主干道在内的通道系统基于这一目的被设计出来。通道系统还包括铺石道路和将新旧博物馆大楼、纪念碑及之前开发的区域连接起来的广场。小路则将更加私密的空间连接起来，为经由花园的游客提供另一种通行路线。

与对纪念馆、博物馆周围环境产生最小影响的最初愿望相一致，设计师将轻微水磨过的石材以统一的形式进行广场地面铺装，使其与生态、自然的乔木及灌木形成鲜明对比。基于所用材料的相同颜色，每座广场的特征都由相同设计元素的不同表现手法，和在每个空间种植不同树种的方式去体现。本地生森林植被及本地灌木、地被植物的使用与生态友好型材料的选择，和原本开阔的视野的保留，令博物馆及周边景观的设计与自然环境融为一体。

此外，设计中并没有选择具有绚丽色彩的花卉及植物，而是适量地选择了一些灌木及乔木，主要是基于对博物馆及纪念场地本质意义上的思考。这些几乎单色的植物为不同的广场创造出协调统一的背景。此外，从这里的许多角度都可欣赏到周围Judean山景的壮丽风光。

Location / 地点: Jerusalem, Israel Date of Completion / 竣工时间: 2005 Area / 占地面积: 40,000 m² Landscape / 景观设计: Shlomo Aronson Architects Architecture / 建筑设计: Moshe Safdie Architects
Photography / 摄影: Amit Geron, Barbara Aronson, Timothy Harsley Client / 客户: Yad Vashem Organization

人行道和广场：当地石灰岩
家具：混凝土长椅
植物：针叶松，杏树，阿月浑子树，杜
松，当地芳香植物

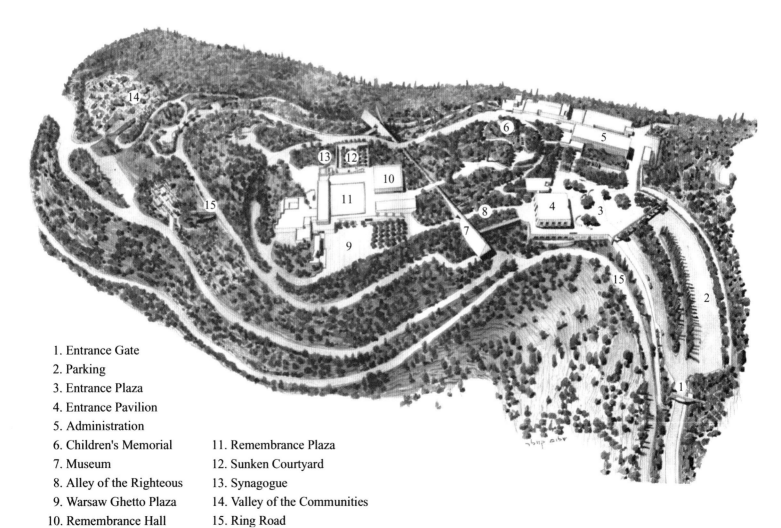

1. Entrance Gate
2. Parking
3. Entrance Plaza
4. Entrance Pavilion
5. Administration
6. Children's Memorial
7. Museum
8. Alley of the Righteous
9. Warsaw Ghetto Plaza
10. Remembrance Hall
11. Remembrance Plaza
12. Sunken Courtyard
13. Synagogue
14. Valley of the Communities
15. Ring Road

142-167

城市广场
Square
ECO LANDSCAPE TODAY
Copyright © 2012 Dopress Books

Airaldi Durante广场

Stone and wood are the two main materials and they try to represent both the historical and the seasonal soul of the square.

Airaldi Durante广场坐落于意大利利维拉的一座旅游小镇，这里是阿拉西奥的历史中心，并有着朝向海滩的景点。广场的主要设计是一个大平台（41mx12m），材料采用落叶松木材，它是在一座原建筑物的旧址上重新建造，并高于地面40cm。这使该广场形成两块不同的区域：其中一块衔接着主街道以供出行，另一块呈甲板状供停留、观海之用。

站在甲板上即使在夏季也可以越过一排小木屋观看到地平线。广场建成后，市当局在甲板上安置了一个曾用作酒吧的小木亭。广场的其余地表均由砂岩铺成，和阿拉西奥历史中心保持一致，但使用了不同的纹理。落叶松木的甲板上安置了5个环形大木椅。环椅由落叶松木梁制成，和通常用于屋顶结构的材料完全一样，只是半径弯曲程度达到了生产过程中所允许的最小值。

环椅的中心是大型花圃，作为阿拉西奥向来自米兰游客的传统敬意。原有的树木（棕榈树和冬青栎）被保留了下来。环椅内花圃的边缘镶饰了彩陶马赛克；每块马赛克颜色各异，和围绕在环椅下的彩灯相得益彰。其中一个环椅的中心没有装饰花圃，而是内含了一个小型的圆形喷泉。水下有变换颜色的灯光，通过水的折射色彩斑斓地映照在周围的墙壁上。

S. Anna教堂位于广场西侧。广场为教堂这一侧提供了一个长凳，由大理石和板岩制成（颜色为传统利古里亚教堂庭院所采用的黑色和白色）。石料和木材是广场及花圃外环的两个主要原料，同时也象征着广场的历史和季节之内涵。

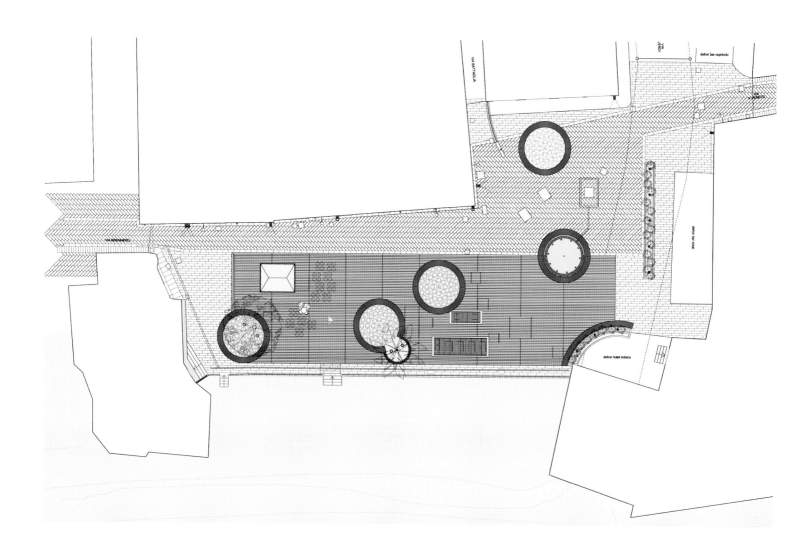

Location / 地点: Alassio, Italy Date of Completion / 竣工时间: 2006 Area / 占地面积: 1300 m² Landscape / 景观设计: UNA2 with L. Dolmetta, G. Saguato Photography / 摄影: Olga Cirone, UNA2 Architetti Associati Client / 客户: Municipality of Alassio

地面: 层积落叶松木
人行道: 层积落叶松木
家具: 落叶松木，陶器制品，大理石，石板，砂岩
照明: 经修复的原有的照明设备，水下专用LED灯
植物: 棕榈树，金盏花，神圣亚麻，马齿苋，非洲雏菊

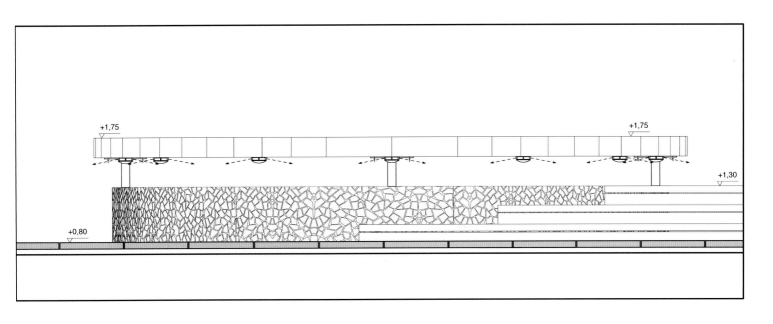

Pampulha广场

The project redesigned topography creating slightly sloping green surfaces that improve natural drainage.

Pampulha广场是在Pampulha周边最后一座大型公共场所上建造的，位置邻近圣弗朗西斯教堂，该教堂是建筑师Niemeyer围绕湖畔建造的建筑之一。

该项目对地区的地形进行了重新规划：创造出稍微倾斜的绿色表面，这样就改善了该地区的自然排水；使固定性区域、台阶、长凳以及平台布局分明；基础设施，如公厕和酒吧的设立增强了该广场所具备的公开性这一特点。

该广场是专门为举办大型活动而设计的，紧邻湖泊的方位是面积巨大的场地，其他方位上则着力渲染绿意，为周围营造出了一片幽静的田园式环境。垂直树立的图腾为广场提供照明。巨大的广场却使用了较低的建筑成本，都是得益于选择了低成本、耐折损的材料：人行道和垂直结构上选用的都是传统的砖块；图腾选用的是混凝土；渗水性的表面上选用的是碎石和草坪。

作为湖畔一大景观，广场还在湖边设有宽广的林荫大道，使用垂直树立的图腾照明。此外，浓浓的绿意更使广场成为休闲放松的绝佳地点。

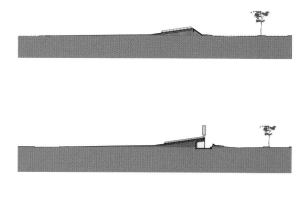

Location / 地点: Belo Horizonte, Brazil Date of Completion / 竣工时间: 2008 Area / 占地面积: 19,000m² Landscape / 景观设计: Arquitetos Associados Photography / 摄影: Eduardo Eckenfels, Leonardo Finotti Client / 客户: Belo Horizonte Municipality

地面：砖，红色混凝土块，灰色混凝土
块，碎砖，瓷砖
植物：石莲子，铁力木
其他：橘色和黄色灰泥，金属扶手

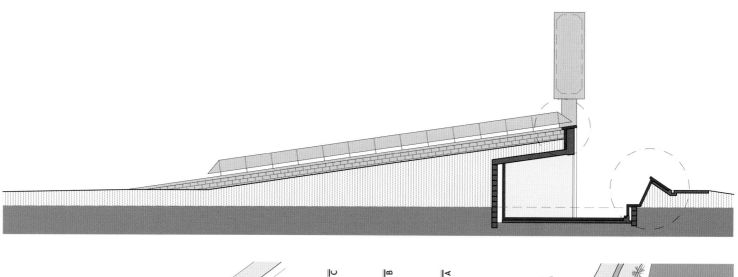

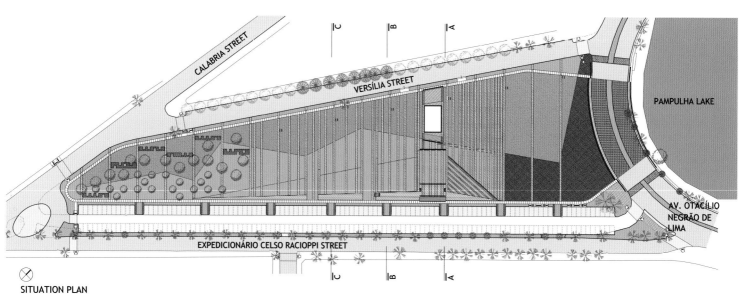

SITUATION PLAN

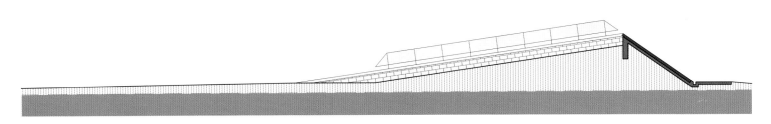

o 103,53

o 101,90

o 101,06

o 99,96

o 99,50

o 100,50

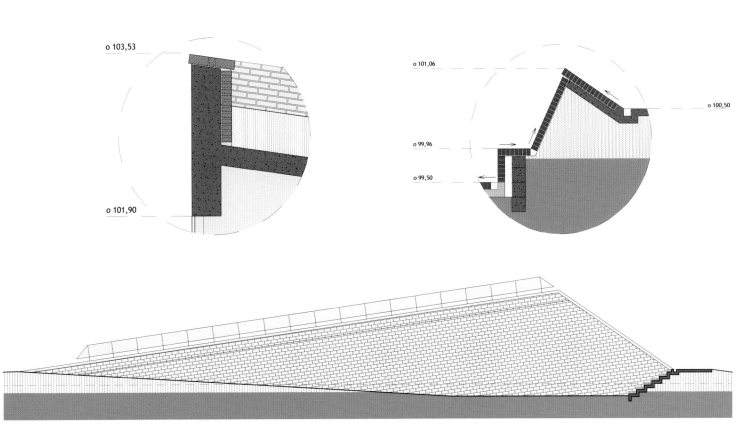

Sant Maria广场和Herois广场的改建

It is a public space that is open in character and hence allows for flexibility. The harmonious integration of the squares is achieved through simplicity, coherence and formal essentiality.

改建项目的第一步是将所有的交通枢纽集中于广场的东南边，达到迁移行车的目的，从而释放出一个宽阔的中央场地供市民使用。

广场拥有很不规则的地形和十分显著的边缘分界线，地面由单一的材料铺砌而成，以几何状划分结构，每个区域的样式各不相同。所有的照明和街道设备都随路面的伸展来布置。为与该区域的传统保持一致，建筑材料以石头和木材为主；这两种材料均未经过任何重大的工业加工，保持了一种相对未处理的"自然状态"。

Herois广场内有一快旧墓地，重建工程需要从地面开始，由此催生了两块纵向植物床的设计——每一块都衍生出"自然漫步"的格调，这也是该项目的座右铭，植物床略微被提高，这保证床身能够被填充足够的土壤来种植树木。广场中原有的树木也被移植所用。

项目计划包括建立一个喷泉，并决定将其安置在一棵高耸于广场的百年老树旁边。通过整合良好的排水系统，从喷泉出来的水将被用于灌溉老树。项目还对原有的路灯进行调整，通过在广场上重新安置来减少光污染。因为特别使用了当地的工人，加之施工速度很快，这项工程仅用了较低的成本。两广场现在已成为人们休闲、会面的理想场所，更使得周围的传统建筑在这里相映成趣。

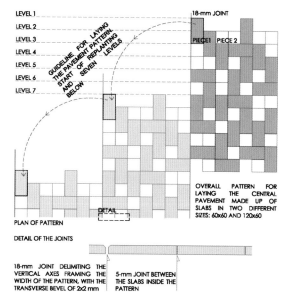

Location / 地点: Puigcerda, Spain Date of Completion / 竣工时间: 2009 Area / 占地面积: 145,000 m² Landscape / 景观设计: Pepe Gascon Arquitectura, Pepe Gascon Photography / 摄影: Eugeni Pons
Client / 客户: Municipality of Puigcerda, Spain

地面：花岗岩板，橡胶，铺路石
家具：木材，混凝土，钢材，石板
植物：美国红橡，鸡爪槭，胶皮糖香
树，芳香植物

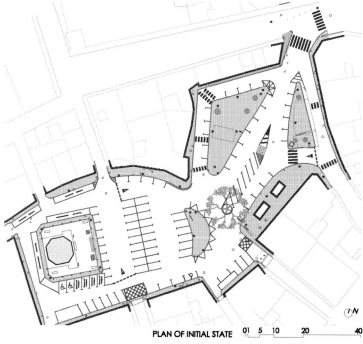

PLAN OF INITIAL STATE   01 5 10   20   40

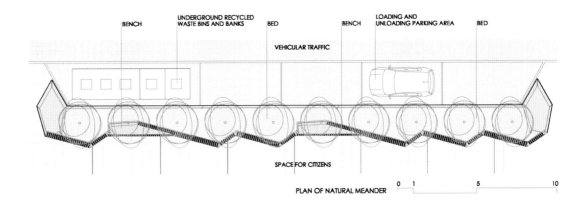

BENCH UNDERGROUND RECYCLED WASTE BINS AND BANKS BED BENCH LOADING AND UNLOADING PARKING AREA BED

VEHICULAR TRAFFIC

SPACE FOR CITIZENS

PLAN OF NATURAL MEANDER

0   1   5   10

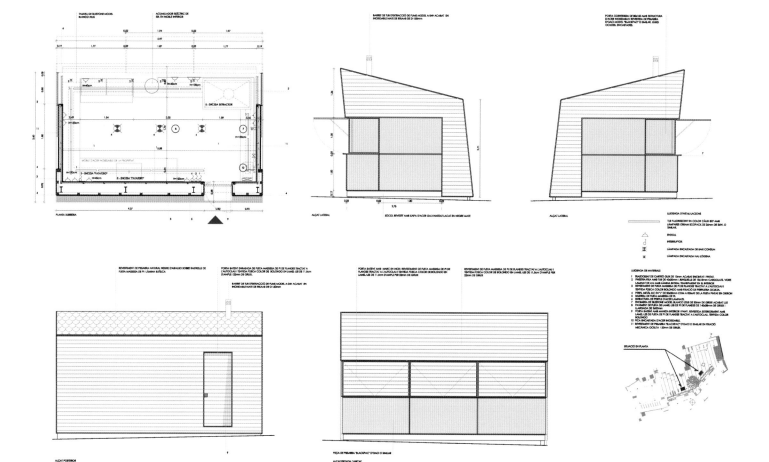

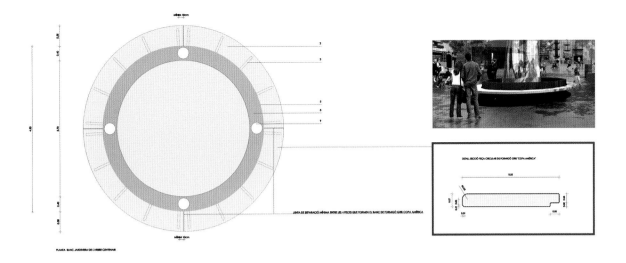

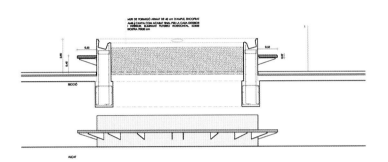

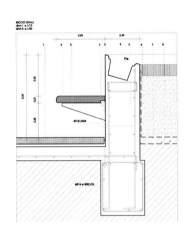

Freres-Charon广场

The project includes the planning of a new public square and the construction of a park pavilion.

Freres-Charon广场于2009年完工，它坐落于蒙特利尔最古老的区域之一，处于两条历史悠久的街道的十字路口处。该广场是沿麦吉尔街轴心而形成的公共网点之一，是一个连接旧港口与当代市中心的历史性通道。新广场一年四季为市民提供宽敞的室外空间，同时增强了市民的城市自豪感。

Freres-Charon广场的建设成本为220万美元，从它为居民生活带来的效益来看，市政府的这项投资是很值得的。设计师采用了程控系统、丰富的植被和再利用的公园凉亭等设施，不但有效控制了成本，还使居民和当地旅游业大大受益。广场的规模和预算虽然不高，却是麦吉尔街整个历史网点的灵魂组成部分，也是蒙特利尔的文化旅游品牌战略中的关键元素。

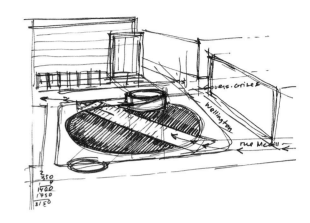

广场的前身为一块草原湿地，17世纪Charon兄弟曾在这里建立过一座风车，这给Freres-Charon广场的设计带来灵感，为市民提供了一种当代都市景观的体验。环绕城市的草原湿地以不同的侧面提升着居民对城市历史和地理的公众意识，广场的体验则与此形成对比和连接。

该项目采用一种简单、精致、简约的建筑方式构建了一组以圆形和圆柱形为主的设施，如野草花园、风车遗址和观景台。花园拥有与其互为映衬的彩色照明系统，能够变换色彩使花园呈现不同的颜色，以示四季变化。设计团队着重渲染了一种现代都市生活的氛围，从用户的角度去探索设计需求，倡导新设施与周围环境紧密融合的设计理念。

Freres-Charon广场的街道等公共领域被精心设计，以确保其舒适性、安全性且方便轮椅出入。该项目也不乏可持续性设计，花园内种植当地野草大大减轻了市政府灌溉系统的负荷，固体景观和花园旁的观景台则是以耐用的魁北克花岗岩为材料。

Location / 地点: Montreal, Canada Date of Completion / 竣工时间: 2009 Area / 占地面积: 1640 m² Landscape / 景观设计: Affleck de la Riva Architects,
Robert Desjardins Photography / 摄影: Marc Cramer Client / 客户: City of Montreal

地面：魁北克花岗岩，雪松
人行道：魁北克花岗岩
家具：雪松，喷色钢材，不锈钢
照明：可变色LED灯
植物：野生草种
其他：镀锌钢材

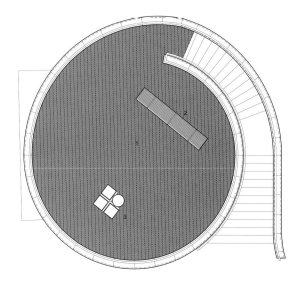

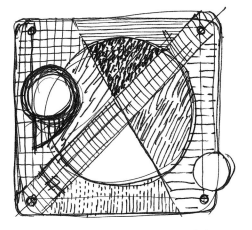

avril '06
Sq. Frères. Chavon

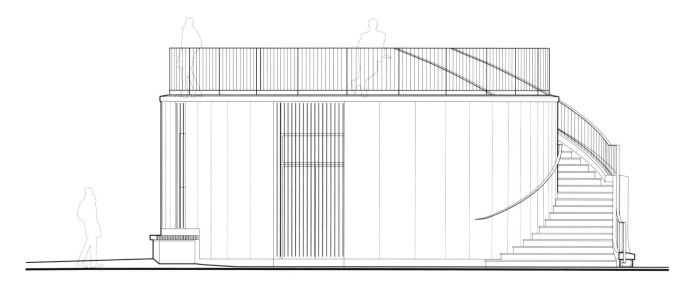

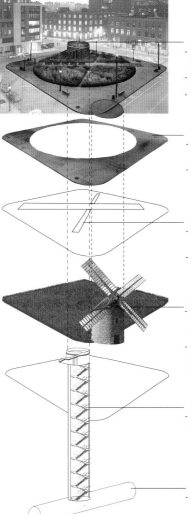

THE BELVEDERE – FOLLY
- A cylindrical pavilion housing technical equipment for the municipal sewer system.
- The pavilion roof has a public terrace accessible by stair.
- The pavilion provides access to an underground stair tower.

THE CITY SURFACE
- A mineral surface with a circular opening that allows the prairie to grow through.
- The clear grey granite of the square harmonises with the sidewalks and public spaces of Old Montreal.

THE PASSAGES
- The north-east and south-west corners of the square are linked by an outdoor room.
- A second, narrow passage links the south-east and north-west corners.

THE PRAIRIE AND THE WINDMILL
- The original landscape and natural state of the site are recalled: an open prairie of wild grasses and low shrubs.
- The buried vestiges of a seventeenth-century windmill are marked on the surface of the square.

THE UNDERGROUND TOWER
- More than 20 metres in depth, this cylindrical infrastructure provides stair access to a major sewer line.

THE SEWER
- The St-Jacques Collector is one of Montreal's most important water control infrastructures.

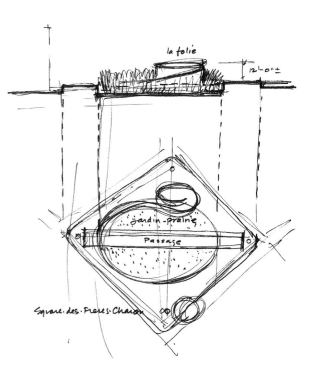

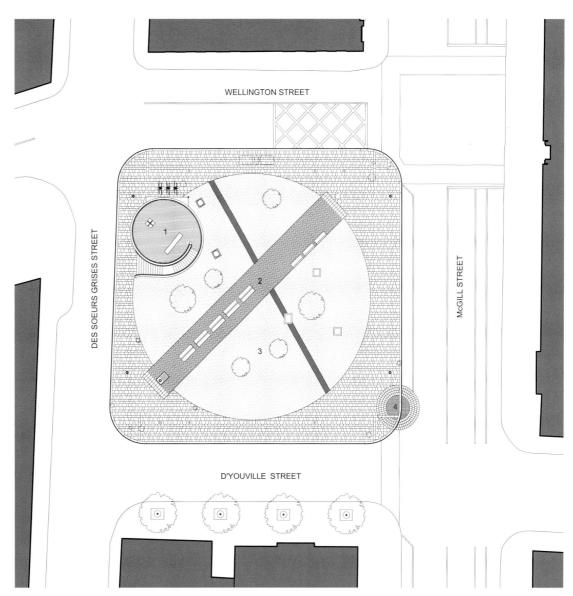

WELLINGTON STREET

DES SOEURS GRISES STREET

McGILL STREET

D'YOUVILLE STREET

2200宾夕法尼亚大道

Sasaki is currently finishing services to enhance The Avenue, through the creation of streetscapes, terraces, courtyards, and the implementation of innovative stormwater management strategies.

佐佐木事务所负责为2200宾夕法尼亚大道（即原54广场）进行景观美化工作。规划方案包括建造街景、平台、庭院，并在设计中集成了创新的雨水处理系统。距离雾谷地铁站几步之遥的庭院成为了一处极好的绿色休息场所。

54广场的四栋建筑之间为公众留下一片开放空间，设有直通庭院的人行道。周围的街景包括两边栽种庭荫树的步道、长满低矮灌木和观花树木的大型种植床，以及一系列种植多姿多彩的一年生植物、多年生植物和低矮灌木的建筑花槽。所有停车场地都位于整修场地下一个5层的停车库内。

街区的庭院成为华盛顿城市网格路线和宾夕法尼亚大道对角线的交点。两个网格交汇形成了以雨水处理池为中心的一系列户外空间。该水池是大规模雨水管理系统的一部分。雨水降落到可处理范围后，通过一个雨水过滤器流到位于庭院下方、停车库内的7500加仑水箱中。这些采集水重新循环通过雨水处理池的同时将得到处理，池中的水草能进一步净化水质。这些水接下来被用来灌溉庭院里的植被。

整修场地的屋顶还包括743m²的宽敞绿色屋顶、一个私人健身泳池、具有遮阳结构的木甲板，和居民庭院空间。绿色屋顶由保水层、排水层、过滤组织、5英寸的轻质工程土以及多种景天科植物构成。绿色屋顶能够减少当地热岛效应对小气候的影响、提供鸟类栖息地、改善住宅区的小环境、提高屋顶收集雨水的质量，并有助于减少屋顶径流。

Location / 地点: Washington, USA Date of Completion / 竣工时间: 2011 Area / 占地面积: 14,214 m² Landscape / 景观设计: Sasaki Photography / 摄影: Eric Taylor Client / 客户: Boston Properties, Inc.

庭院：花岗岩，混凝土，岩粉，不锈钢
索，不锈钢桥，不锈钢花盆
植物：无刺皂荚，唐棣，日本紫茎，麦
门，羽毛草芦，蓝菖蒲

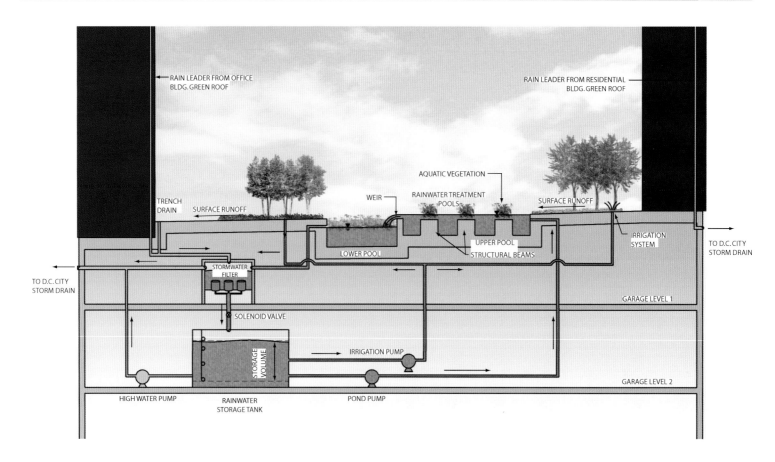

RAIN LEADER FROM OFFICE BLDG. GREEN ROOF

RAIN LEADER FROM RESIDENTIAL BLDG. GREEN ROOF

AQUATIC VEGETATION

WEIR

RAINWATER TREATMENT POOLS

SURFACE RUNOFF

TRENCH DRAIN

SURFACE RUNOFF

IRRIGATION SYSTEM

TO D.C. CITY STORM DRAIN

UPPER POOL

LOWER POOL

STRUCTURAL BEAMS

STORMWATER FILTER

TO D.C. CITY STORM DRAIN

GARAGE LEVEL 1

SOLENOID VALVE

STORAGE VOLUME

IRRIGATION PUMP

GARAGE LEVEL 2

HIGH WATER PUMP

RAINWATER STORAGE TANK

POND PUMP

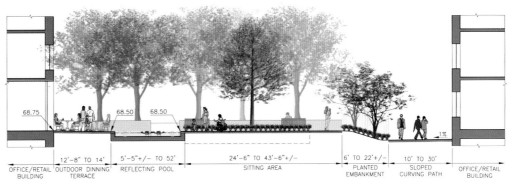

68.75

68.50   68.50

1%

OFFICE/RETAIL
BUILDING | 12'-8" TO 14'
OUTDOOR DINNING
TERRACE | 5'-5"+/- TO 52'
REFLECTING POOL | 24'-6" TO 43'-6"+/-
SITTING AREA | 6' TO 22'+/-
PLANTED
EMBANKMENT | 10' TO 30'
SLOPED
CURVING PATH | OFFICE/RETAIL
BUILDING

Ⓒ SECTION C-C @ COURTYARD

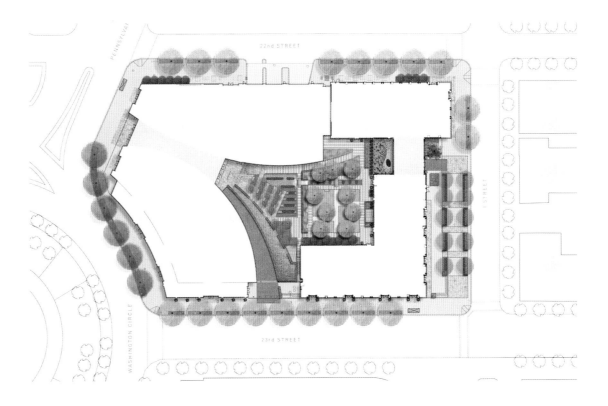

170-195

休闲广场
Hospitality
ECO LANDSCAPE TODAY
Copyright © 2012 Dopress Books

Castell D'emporda露天酒店

The top and edge of the parasols are made in rusted steel, seeking harmony with the ancient building and the natural environment in order to achieve the concept of sustainable development.

Castell D'emporda酒店从1301年就被建立在这座小山上，如今城堡已被Margarit家族掌管上百年。1973年Salvador Dali想买来给她妻子做礼物，但是堡主拒绝出售这件艺术品。如今，这里已经被改造成一家Castell D'emporda精品酒店。

应客户要求，Concrete公司负责给酒店在户外空间搭建一个兼具遮风避雨功能的户外遮篷。设计首要目标是使新建成的遮篷在古建筑背景下不显得突兀，同时还要保持露台通透、视野开阔的感觉。设计师认为，这也是一项具有生态意义的工程，新设计可以使这座历史悠久的古建筑更好地满足现代宾客的需求。

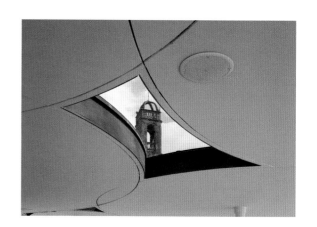

一般说来，露台即是户外空间，人们可以在露台上充分感受到户外空气的舒爽，必要时侯会采用遮阳伞来遮挡阳光和风雨，但却不能阻挡人们欣赏周围的美丽景观的视线。为了实现这一目标，设计团队为露台打造了一把巨大的抽象遮阳伞。他们将12个直径不同的圆盘不规则地组合在一起，使重叠的地方自然相接，同时在未重叠的空隙处镶上玻璃。

遮阳伞的形状使座在露台上的人们仍会拥有身处户外的的感觉，同样也使遮篷保持周围古老的建筑风格不受影响。太阳伞顶部边缘使用的是锈色金属，这种色调与周围古老的建筑风格和周边环境搭配起来十分协调。周围透明的滑道窗帘只在较冷的季节里放下，其余时间一直敞开。当遇到飓风或极端天气时，户外遮篷可以在短短几分钟内迅速收拢起来。遮篷下圆形和正方形的桌子和白色皮革沙发椅家具也别具一番风味，这些户外家具与白漆金属立柱和充满创意的遮篷共同营造出一个开放、明亮的户外空间。

Location / 地点: Girona, Spain Date of Completion / 竣工时间: 2011 Area / 占地面积: 250 m² Landscape / 景观设计: Concreteamsterdam Photography / 摄影: Ewout Huibers and wilkins.nl for concrete
Client / 客户: Albert Diks, Margo Vereijken

地面：瓷砖，石材
家具：阳伞，大理石桌子，皮料沙发
植物：灌木，草，乔木

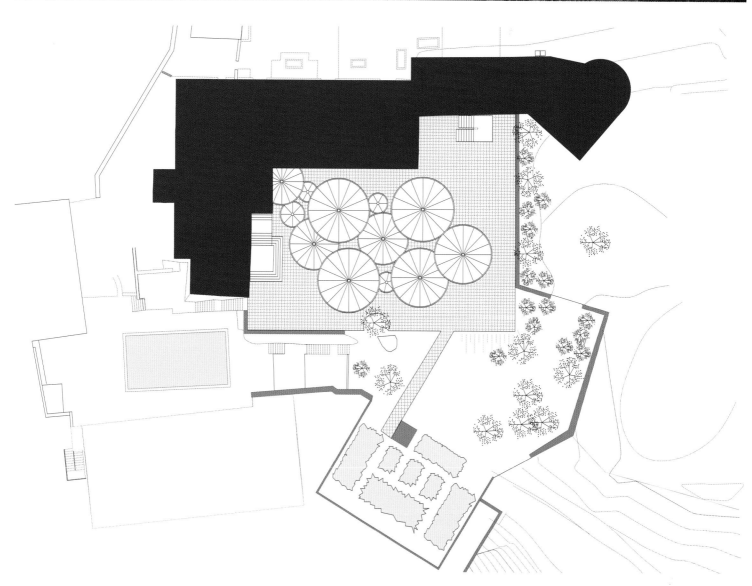

Atra Doftana酒店

Situated nearby a mountain lake, the project creates a dialogue with the environment and well melts in the landscape.

Atra Doffana酒店位于山中湖泊附近，依山傍水，周围自然环境十分优美。酒店共分为两层，一层设有接待区和客房，二层设有起居室、餐饮区、厨房及技术室。

考虑到建筑与环境的融合及如何营造它们之间的互动关系，设计团队最大限度地利用了场地的几何形地块格局、方向及视角，将建筑的上下两层结构错开设计，形成两个交错连接的结构。

设有客房的顶层位于场地入口的下方，屋顶平台可以提供充足的停车空间。该层被建于地平面之下，以确保自然景观不被破坏。下面一层临坡而建，顺着不远处湖水的方向，将绿色庭院空间向外扩展。这种设计使得酒店内的所有房间都有能欣赏到户外美景的开阔视野。

酒店建设所用材料大部分都是从特定场地回收而来。考虑到不同空间的功能性，居住空间都采用木材饰面，而起居室及餐厅空间的外立面则采用了石材。由于设计中巧妙地利用了场地特有的地势特征，使得建筑墙体最小限度地暴露在外，从而更有效地减少了由于热交换而形成的能量损耗。

为了在更大程度上利用可再生资源，建筑周围还设置了一系列水箱，从布满植被的露台上采集并储存雨水，回收处理后使用，以便节约水资源。此外，技术室的小露台上还装有一些太阳能电池板，用作日常用电供给，进一步节约了电能的消耗。

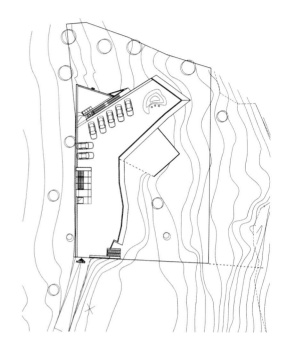

Location / 地点: Prahova, Romania Date of Completion / 竣工时间: 2011 Area / 占地面积: 955 m² Landscape / 景观设计: Tecon Architects Photography / 摄影: Cosmin Dragomir Client / 客户: Top Resorts

地面：地毯，石材
墙体：木材，涂料
天花板：涂料，混凝土
人行道：石材
家具：木材，玻璃
照明：聚光灯，LED嵌入灯，荧光灯
植物：草，松树，橡树，桦树

8.living
9.dining
10.kitchen
11.locker room
12.bathroom
13.food storage

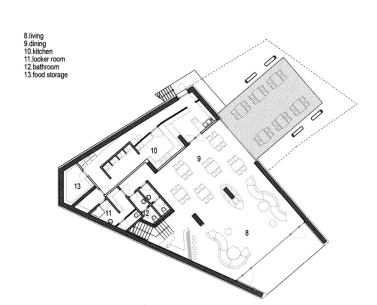

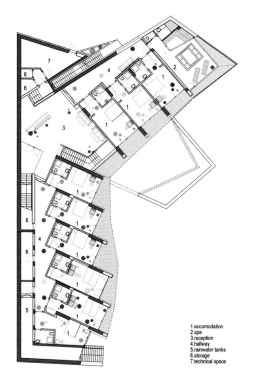

1.accomodation
2.spa
3.reception
4.hallway
5.rainwater tanks
6.storage
7.technical space

麦当劳餐厅裕廊中央公园店

Breathing nature in an urban-surrounded environment, McDonald's restaurant at Jurong Central Park is a unique and eco-friendly construction.

位于新加坡裕廊中央公园的新麦当劳餐厅的设计与目前快餐连锁业对推动生态友好型企业建设的使命相契合。餐厅位于裕廊西面积为800,000m²的地区公园内，从裕廊及裕廊西部公园到达该餐厅都十分便利。

公园所在的湿地是丰富多样的野生物种的栖息地。大部分原生植物都被保留下来，给周围城区带来绿色、自然的生态环境。为使新建成的麦当劳餐厅能和谐地融入原有的环境背景，设计师将苍翠繁茂的绿色植物围绕于建筑周围，蘑菇型的屋顶绿化更使建筑与周围环境自然相融。

除美学及装饰功能之外，屋顶绿化还可以起到防紫外线、防水及保护建筑的作用。餐厅采用Elmich Green Roof屋顶系统，该系统的VersiDrain® 25P保水及排水性能突出，可有效地排除过量的雨水，同时可在干燥季节为植物储备水分及养料。此举既降低了频繁灌溉的需要，又可确保植物健康茁壮地生长。

此外，屋顶绿化还使室温被大大降低，即便在外墙被强烈的日光照射时，室内也能保持凉爽。因此新餐厅降低了对空调系统的需求，减少能耗的同时，也有效地缓解了城市热岛效应。新颖独特的建筑及景观设计和生态环保的主流理念使其成为首家荣获BCA绿色建筑标志白金奖（餐饮类）的餐厅。

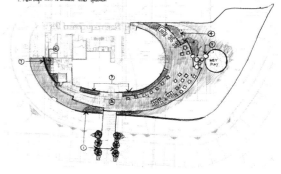

地面：木板

其他：排水垫，再生园艺肥料

Location / 地点: Jurong, Singapore Date of Completion / 竣工时间: 2011 Area / 占地面积: 498.82 m² Landscape / 景观设计: ONG&ONG Pte Ltd. Photography / 摄影: See Chee Keong Client / 客户: McDonald's Restaurants Pte Ltd.

LEGEND
1. Flower arbour
2. Mound
3. Terrace
4. Stepping stone
5. Water jet feature
6. Reflective pool
7. Landscape area

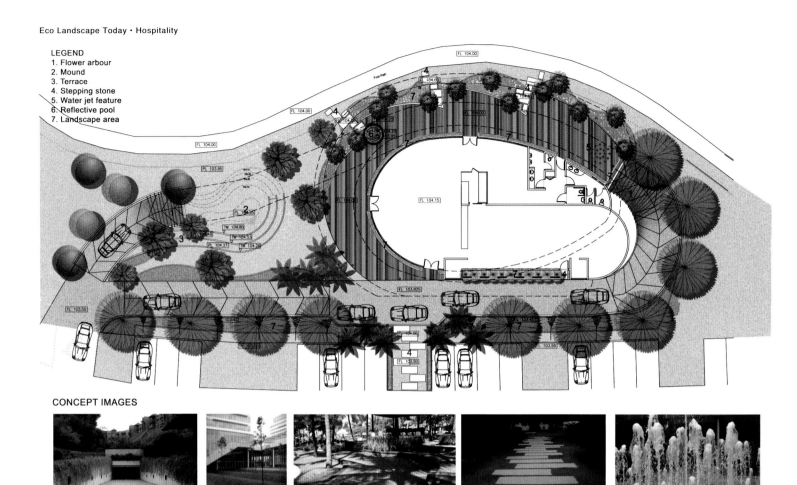

CONCEPT IMAGES

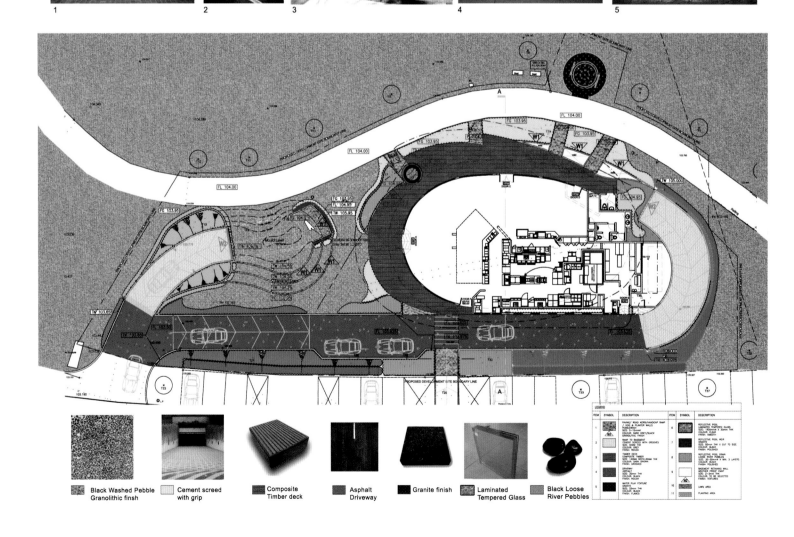

1   2   3   4   5

Black Washed Pebble Granolithic finish

Cement screed with grip

Composite Timber deck

Asphalt Driveway

Granite finish

Laminated Tempered Glass

Black Loose River Pebbles

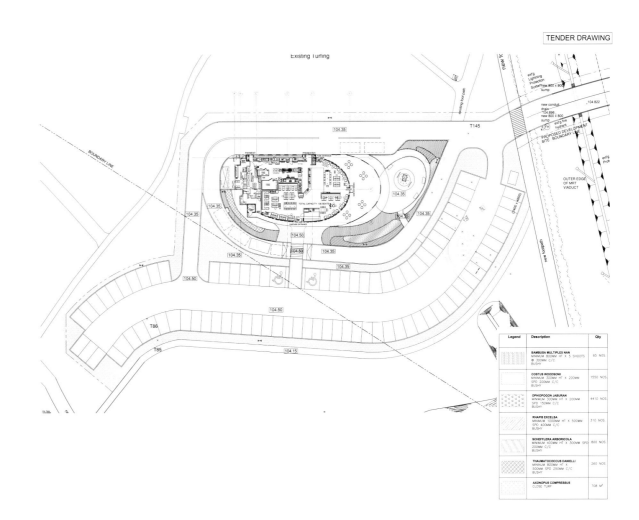

Legend	Description	Qty
	BAMBUSA MULTIPLEX NAN MINIMUM 800MM HT X 5 SHOOTS @ 300MM C/C BUSHY	65 NOS.
	COSTUS WOODSONII MINIMUM 300MM HT X 200MM SPD 200MM C/C BUSHY	1550 NOS.
	OPHIOPOGON JABURAN MINIMUM 300MM HT X 200MM SPD 150MM C/C BUSHY	4410 NOS.
	RHAPIS EXCELSA MINIMUM 1000MM HT X 500MM SPD 400MM C/C BUSHY	310 NOS.
	SCHEFFLERA ARBORICOLA MINIMUM 400MM HT X 300MM SPD 200MM C/C BUSHY	800 NOS.
	THAUMATOCOCCUS DANIELLI MINIMUM 800MM HT X 500MM SPD 250MM C/C BUSHY	260 NOS.
	AXONOPUS COMPRESSUS CLOSE TURF	708 M²

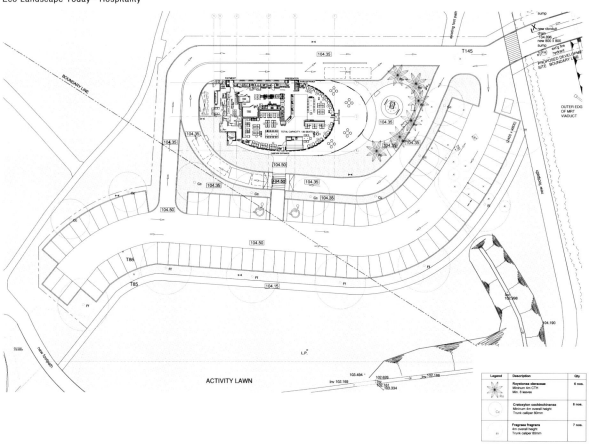

Legend	Description	Qty
Ro	Roystonea oleraceae Minimum 4m CTH Min. 8 leaves	6 nos.
Cc	Cratoxylon cochinchinense Minimum 4m overall height Trunk caliper 80mm	8 nos.
Ff	Fragraea fragrans 4m overall height Trunk caliper 80mm	7 nos.

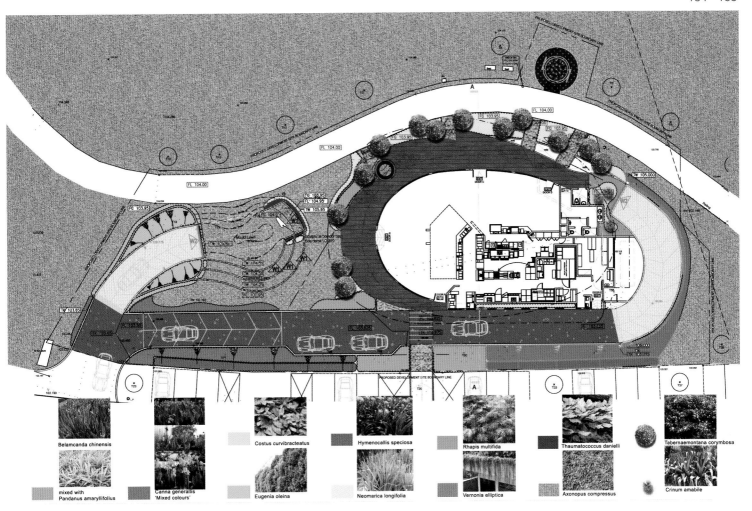

Belamcanda chinensis

mixed with
Pandanus amaryllifolius

Canna generallis
'Mixed colours'

Costus curvibracteatus

Eugenia oleina

Hymenocallis speciosa

Neomarica longifolia

Rhapis multifida

Vernonia elliptica

Thaumatococcus danielli

Axonopus compressus

Tabernaemontana corymbosa

Crinum amabile

TENDER DRAWING

LOCATION PLAN
1 LOT 3744C MK 06 AT JURONG CENTRAL PARK
   SCALE 1:5000

SITE

TILE/ ASPHALT EDGE
FINISH DETAIL

HOSE BIBB
DETAIL

SCULPTURAL SEAT

TYPICAL FOOTPATH
FINISH DETAIL

TIMBER DECK / TILE FINISH EDGE
FINISH DETAIL

TILE EDGE
FINISH DETAIL

WATER FEATURE CONTROL PANEL

WATER FEATURE 1
PART PLAN

RAIN WATER HARVESTING TANK/
IRRIGATION TANK

IRRIGATION CONTROL PANEL

LOT 3744C
12227.2 sq.m

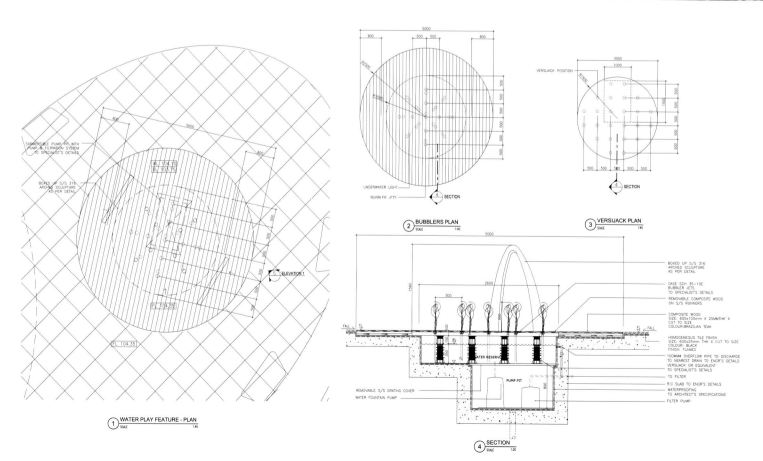

1 WATER PLAY FEATURE - PLAN
SCALE 1:40

2 BUBBLERS PLAN
SCALE 1:40

3 VERSIJACK PLAN
SCALE 1:40

4 SECTION
SCALE 1:20

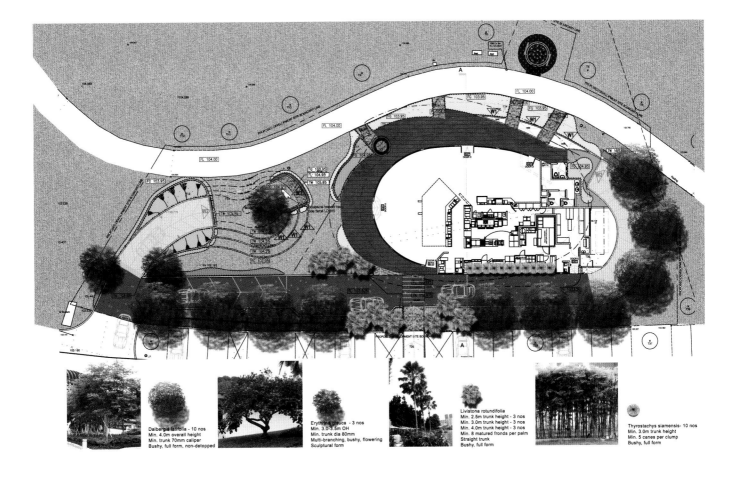

Dalbergia latifolia - 10 nos
Min. 4.0m overall height
Min. trunk 70mm caliper
Bushy, full form, non-detopped

Erythrina glauca - 3 nos
Min. 3.0-3.5m OH
Min. trunk dia 80mm
Multi-branching, bushy, flowering
Sculptural form

Livistona rotundifolia
Min. 2.5m trunk height - 3 nos
Min. 3.0m trunk height - 3 nos
Min. 4.0m trunk height - 3 nos
Min. 8 matured fronds per palm
Straight trunk
Bushy, full form

Thyrostachys siamensis- 10 nos
Min. 3.0m trunk height
Min. 5 canes per clump
Bushy, full form

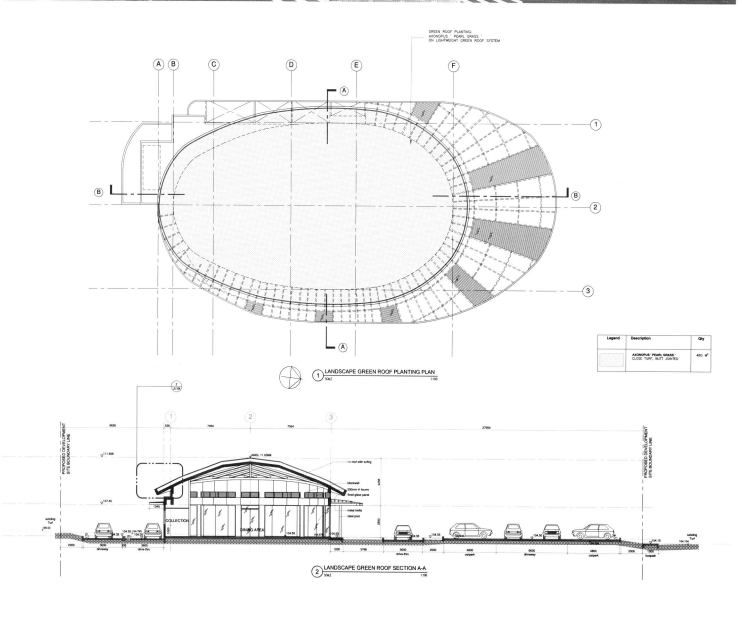

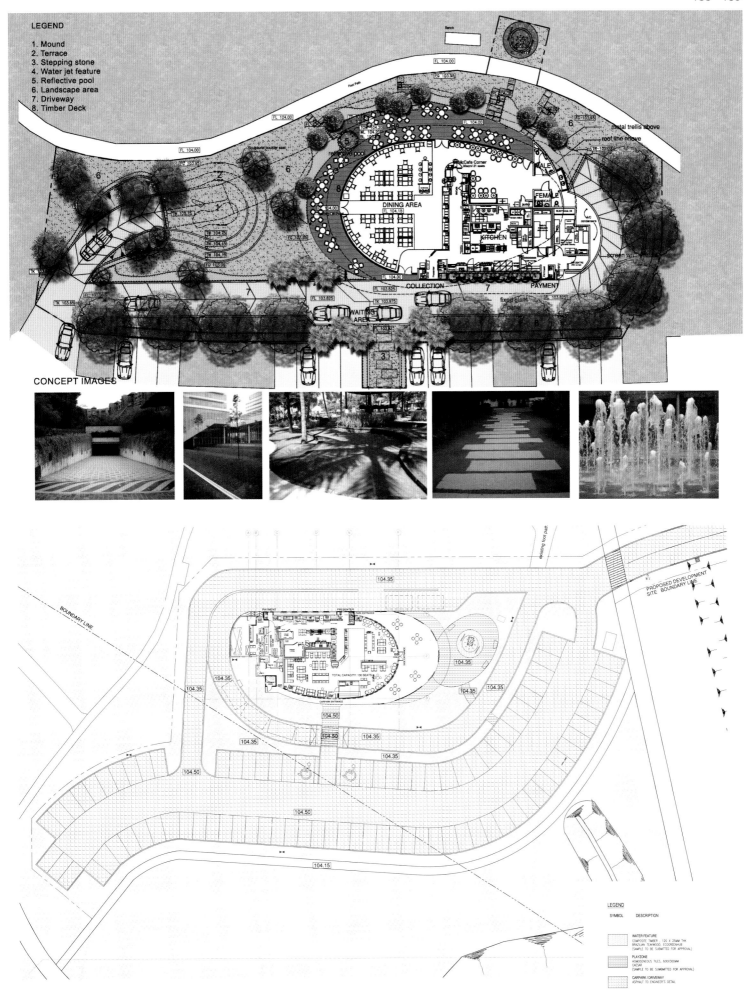

LEGEND

1. Mound
2. Terrace
3. Stepping stone
4. Water jet feature
5. Reflective pool
6. Landscape area
7. Driveway
8. Timber Deck

CONCEPT IMAGES

运动休闲中心

Based on this concept the project is to propose a new landscape rather than a new building and to waste nothing of the existing available land.

该运动休闲中心的设计是阿斯图里亚斯煤矿区整体改建规划项目中的一部分。在经历严重的经济危机以来，直到现在煤矿仍是该地经济的主要来源。基于这一背景，设计师认为该建筑应该以一种象征世纪之交的感染力，成为阿斯图里亚斯煤田居民全新生活的转折点。

本案设计旨在为临近地区的重新开发创建一个样板。屋顶绿化区域可以向周围目前仍由荒废建筑物占据的广场及花园方向扩展。总体规划方案将整个场地划分为三个区域：多功能的体育馆、游泳池及服务区。三个屋顶与三个划分好的区域一一对应。

如果说这里还需要什么，那么就是公园、步行区、休闲场所等。基于这种考虑，设计师希望这座建筑还可用作花园，同时也是一处美化环境的景观。在景观设计上，所有结构随着巨大的屋顶弧线蜿蜒起伏，屋顶表层附有土壤和人造草皮，以及10cm厚的岩棉保温层，这种绝缘材料具有良好的隔热、隔音效果，可以有效降低严冬酷暑季节的能量消耗。

在设施方面，设计师注意到水池的空调系统可以极大地节省能源及降低噪音。此外，为了避免空调机裸露在外影响美观，这些机器被安置在屋顶平台中，这样既可以隐蔽空调，也可确保最佳的通风状态及最低的维护费用。

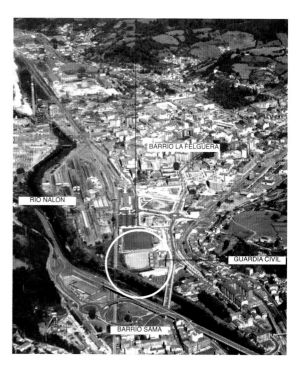

Location / 地点: Asturias, Spain Date of Completion / 竣工时间: 2006 Area / 占地面积: 10,052 m² Landscape / 景观设计: ACXT Architect, Javier Pérez Uribarri Photography / 摄影: Carlos Casariego, Kike Llamas Client / 客户: Principado de Asturias

墙体: 黑混凝土块
地面: 环氧树脂
植物: 当地草种

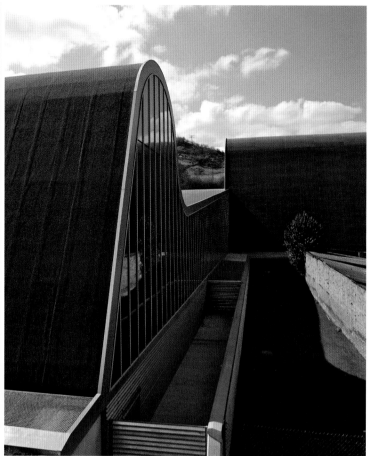

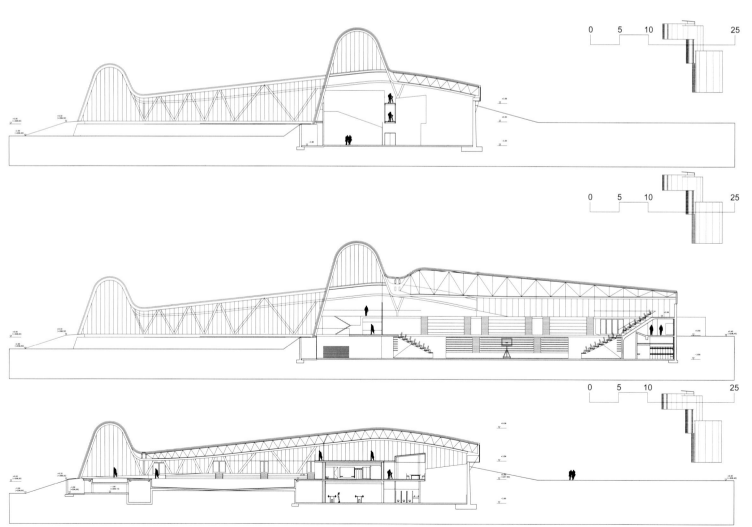

| 0 | 5 | 10 | | 25 |

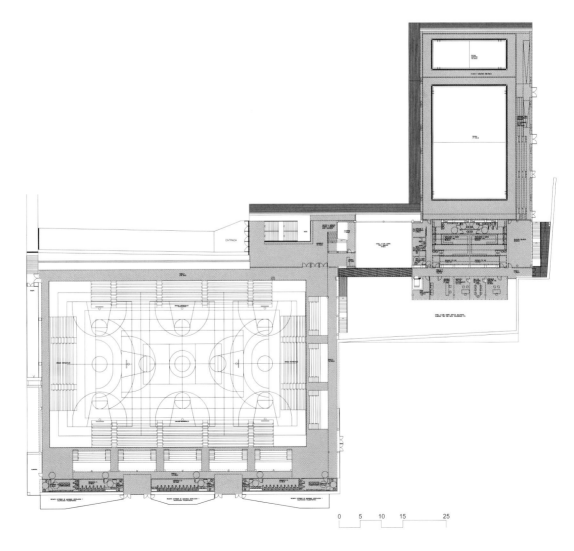

0   5   10   15   25

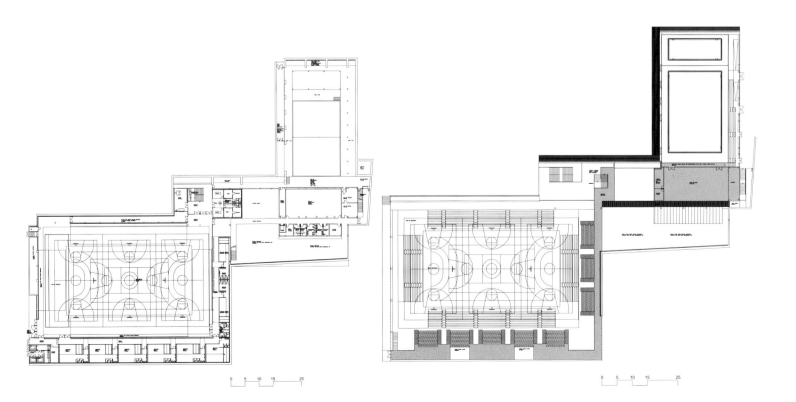

198-303

城市公园
Park
ECO LANDSCAPE TODAY
Copyright © 2012 Dopress Books

Ballast Point公园景区翻新工程

The design uses world leading sustainability principles to minimize the project's carbon footprint and ecologically rehabilitate the site.

该设计采用世界领先的可持续发展理念，以尽量减少工程碳痕迹和恢复该地区的生态环境为宗旨。设计团队在综合考虑前沿科技和地区历史进程的情况下，力图创建一个城市地标性质的公园。生态设计的方法包括进一步加强场地内的雨水生物过滤技术、材料循环再利用以及风力发电技术的应用，用以支持地区能源需求。

八台垂直轴风力涡轮机和由旧水箱板制成的雕塑体构成了场内的一道景观。风力发电机组象征着未来，这里使用的矿物燃料离使用更为清洁的可持续再生能源距离一步之遥。

该设计颠覆了传统意义上材料的概念和用法。新建的主体外墙处于峭壁之上，但是这些墙体的修建并未像以前那样去其他地方开采新的岩石，而是从以往废墟中挖掘出碎石，作为施工材料。以前被认为是废弃的东西，如今却可大放异彩。该项目几乎涵盖了所有景观设计原则的基本概念。这是设计团队积极进行社区咨询和广泛研究古迹遗址后双重作用的成果。

该设计策略探索了许多建筑技巧和材料的创新性应用，其中包括采用回收碎石加以金属网覆盖的土质墙体，以再生材料和绿色之星认定的环保混凝土取代以往的传统材料，以及对废旧木料、土壤、覆盖物、碎石加以回收利用，用以公园建设和家具设备的制作。

场地内的绿化植物都是来自当地的植物群落，这种方式可以促进当地生物的基因库的完善，以及协助重建当地生物种体系的生态平衡。公园设计以史为鉴，并着眼于未来。随着植物群落的逐渐成熟，焕然一新的公园将会与对面位于Parramatta河口处的Balls Head陆岬隔岸辉映，争相斗艳。

Location / 地点: Sydney, Australia Date of Completion / 竣工时间: 2009 Area / 占地面积: 25,000 m² Landscape / 景观设计: McGregor Coxall Photography / 摄影: Christian Borchert Client / 客户: Sydney Harbour Foreshore Authority

墙体：碎石填充的金属筐，混凝土
地面：混凝土，已有沙石
台阶：混凝土
扶手：钢材
家具：木板，钢制框架
植物：草皮，澳大利亚当地植物

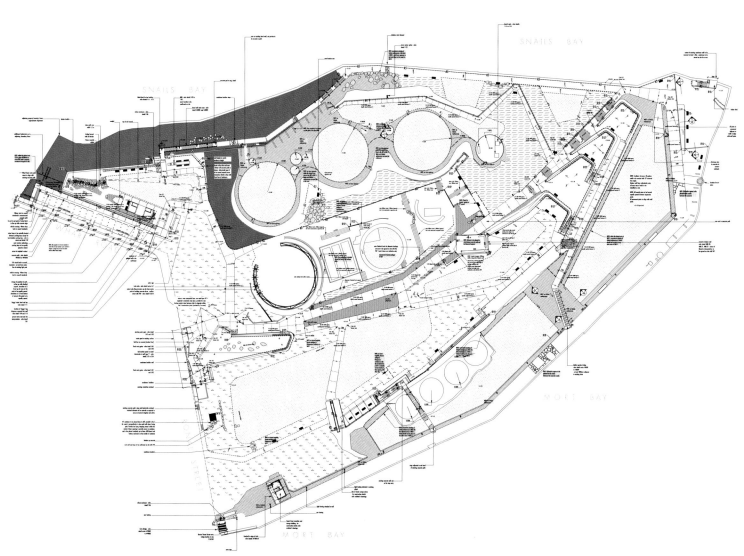

Design Element	Components	Environmental Outcome

CONCRETE

Coal Power Plant Waste

40% Fly ash & slag (154t)   20% Recycled aggregate (220t)   20% Recycled ground slag(154t)

528t
Saved virgin materials

RUBBLE WALLS

100% Recycled rubble (1,450t)   100% Site-soil back fill (18,000t)   100% Recycled crushed aggregate (700t)

19,450m³
Saved virgin materials

TIMBER

Jarrah hardwood   100% Recycled 30mm x 18mm timber

9,333m
Saved virgin materials
(Linear metres)

BIODIVERSITY / CARBON

98% Provenance - Trees (980)   95% Provenance - Understorey (32,300)

350t Co₂
Sequestered in trees lifetime

SOIL / MULCH

Used Timber Pallet   100% Recycled Mulch (600m3)   Organic Waste   100% Recycled Soil (2000m³)

2,600m³
Saved virgin materials

LUBE RING

Demolished "tank 101"   25% Recycled tank skin   100% Wind power (8x 1kW vertical axis turbines)

8kW
Wind energy potential

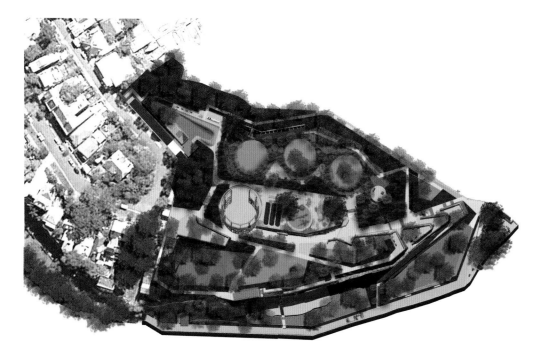

肯·罗伯特公园

The urban redevelopment north of the railway tracks in Sitges was the opportunity to provide new road infrastructure and public spaces,

肯·罗伯特公园沿两条纵向轴线分布，轴线贯穿公园的整个长度。覆盖有地中海树木植被的"绿色沙丘"与铁路路轨平行，这些植被充当了公园与附近铁路设施之间的听觉、视觉缓冲区。而在另一端，公园与沿袭新城居民区街道风格的城市步行街区相比邻。

两者之间的公园中央地带则是游客休闲、漫步，体会清静的好去处。铁路两侧的城市居民都将是经常光顾此地的人群。公园中心层层向下凹陷的设计，塑造出一个小型的，同时具有广场功能的露天剧场。剧场被行人天桥所环绕，人们站在高处可以将这里的场景尽收眼底，因此，大多数城市节庆活动都可以在这个地方举办。行人天桥是以城市路面的高度搭建于广场和人行道之间的桥梁。

维拉弗兰卡城堡大道是这个城市的主要入口，在这个城市中有着举足轻重的地位。它被设计成为新城市中心，大道两侧的可持续性绿化植被一直延伸至锡切斯，一改以往的城市形象，对城市迫切需求的发展奠定了重要的基础。

通过大大开放了从公园到城市的通道，使得索非亚大道与铁路设施下方的城市中心连接起来。该路线的构思源自于一个长满松树，面向格拉夫山麓的一片小型地中海森林的休息处。

Location / 地点: Sitges, Spain Date of Completion / 竣工时间: 2007 Area / 占地面积: 60,000 m² Landscape / 景观设计: FORGAS ARQUITECTES S.L.P Photography / 摄影: FORGAS ARQUITECTES, Lourdes Jansana Client / 客户: Junta de Compensació del Pla Parcial de la Plana Est

材料：耐旱植物，钢材，混凝土，石材

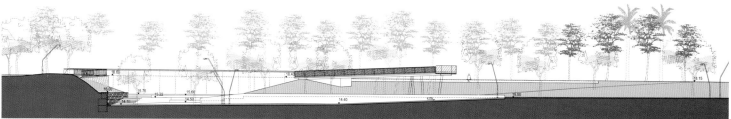

Secció A_Parc de Can Robert   E: 1/300

Secció B_Parc de Can Robert   E: 1/300

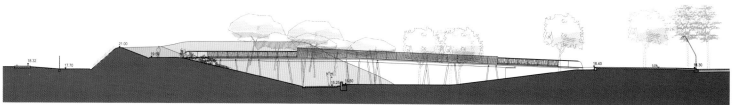

Secció C_Parc de Can Robert   E: 1/300

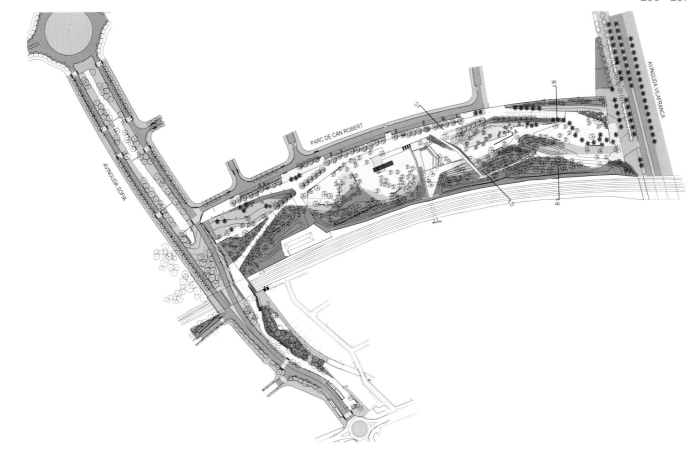

上海辰山植物园

Chen Shan Shanghai Botanical Garden, "Plants and health" as its theme, is both a plant science research and education base, but also for the general public provides a blooming flowers, birds fly, fun, desirable place to visit.

上海辰山植物园占地面积达2,070,000m²，位于上海市松江区佘山山系中，距离上海市中心区约35km。主要由中心展示区、植物保育区、五大洲植物区和外围缓冲区四大功能区构成。中心展示区与植物保育区的外围为全长4500m的绿环，展示了欧洲、非洲、美洲和大洋洲的代表性适生植物。设计团队因地制宜地融入到原有的山水环境中，发掘、恢复和保护场地的自然特性和文脉，强调可持续地利用自然资源和为人服务的宗旨，体现了中国传统的园林艺术与欧洲现代设计理念的完美结合。上海辰山植物园不仅提供了一处人与自然和谐共生的栖息地，还表达了人类对自然环境的共识。

在全面系统分析研究场地特性的基础上，找出制约因素，遵循本地文化脉络，营造理想的自然与人文空间。根据植物园的功能要求，结合中国传统文化对"园"的解析，即"园"字的各部首中包含了"山、水、植物"和围护界限等要素，从而勾画出能够反映辰山植物园场所精神的3个主要空间构成要素——绿环、山体以及具有江南水乡特质的中心植物专类园区。植物园附属区如林荫停车场、河水净化场、科研苗圃、果园和宿营地等则分布在绿环外围的4个角上，总体结构简洁明了，功能分区合理。符合中国传统的造园格局，反映了人与自然的和谐关系。

在设计理念中坚持可持续性发展的原则，贯彻资源节约型、环境友好型的生态设计手法。例如在地形处理上避免大动干戈人工造景，尽量减少因建设工程对生态环境的二次破坏和污染。在水景创作中，注重自然降水的收集，对水域进行综合治理，形成水系的循环、净化以及合理利用的系统工程。植物园的建筑设计也非常注重节能和环保技术的应用。针对不同功能类型的建筑提出相应的节能减排技术措施和生态环境保护方案，降低建筑建造和使用的能源消耗和环境污染，创造健康、舒适的室内外环境。建筑采用集中式布置，节省用地及建设成本，最大程度地利用可再生能源，如太阳能、雨水收集及地热能等，降低使用及维护成本。通过

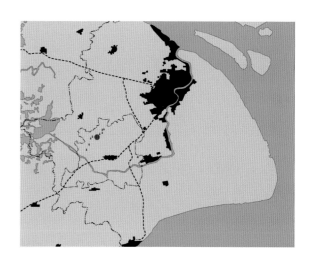

以上诸项措施，为辰山植物园构建了一个稳定的、低能耗的、多样的植物生长空间，真正成为理想的植物王国。

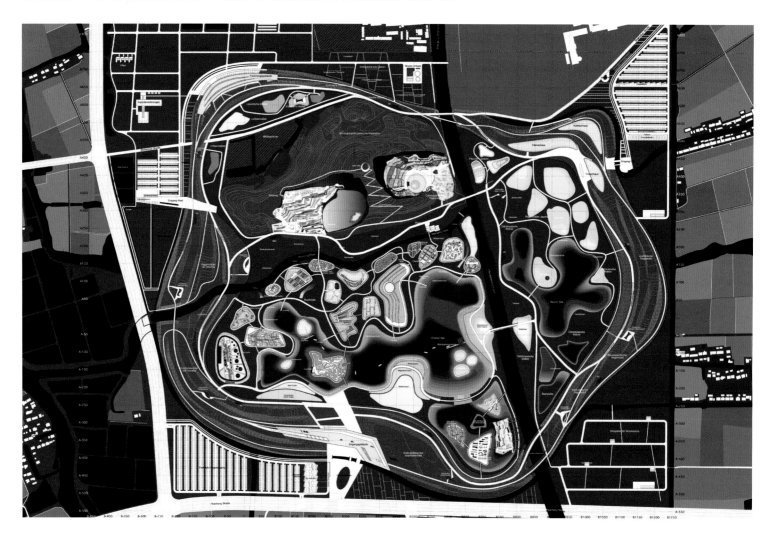

Location / 地点: Shanghai, China Date of Completion / 竣工时间: 2010 Area / 占地面积: 2,076.300 m² Landscape / 景观设计: Deutsche Planungsgruppe Valentien Muenchen-Wessling,
Valentien+Valentien Landschaftsarchitekten and Stadtplaner SRL, Straub+Thurmayr Landschaftsarchitekten, SLADI Architecture / 建筑设计: Auer + Weber + Assoziierte Architekten, SIADR
Photography / 摄影: Jan Siefke, Klaus Molenaar Client / 客户: Chenshan Botanical Garden Shanghai Project Team

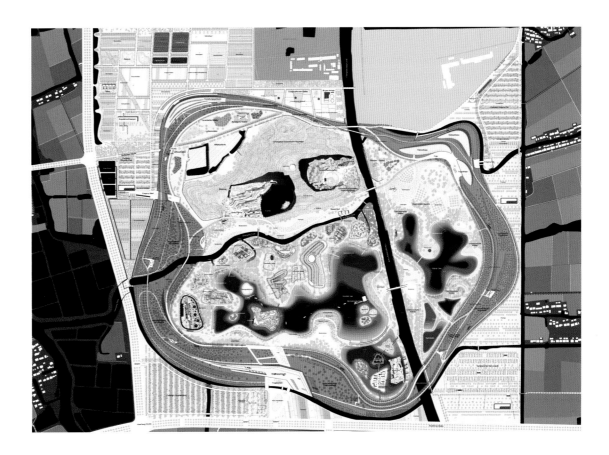

地面：沥青，天然石材，砾石
广场：花岗岩地面
家具：木材，钢材
环状带：月桂
森林内部：枫树，木兰树，樱桃树，桃
树，山楂树
主题公园：木犀属植物，金缕梅属，芍
药，玫瑰，鸢尾，观赏性植物，水生植
物，鼙爬植物，竹
特色园艺：药用植物，盆景植物，华东
植物群

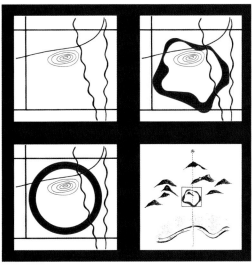

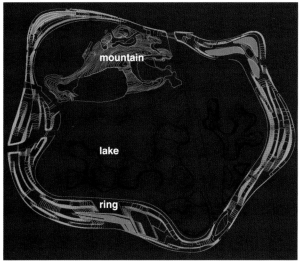

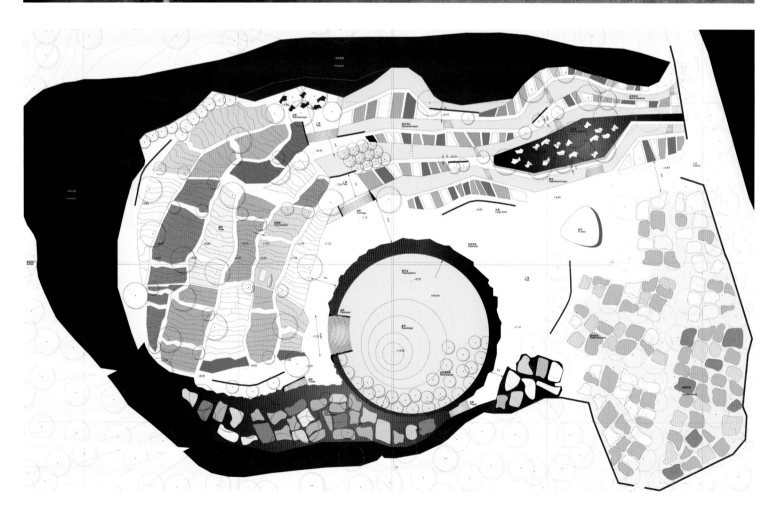

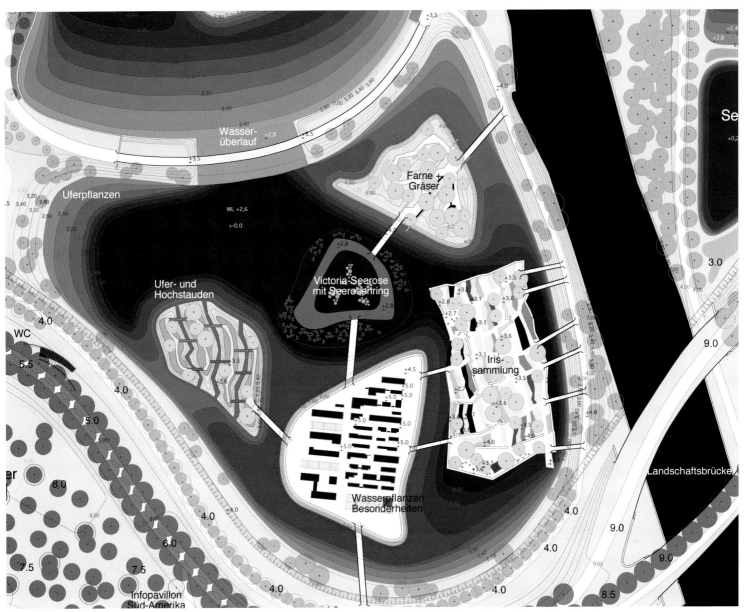

Wasser-
überlauf

WL +2,6

+-0.0

Uferpflanzen

Farne +
Gräser

Ufer- und
Hochstauden

Victoria-Seerose
mit Seerosenring

Iris-
sammlung

WC

Se

Wasserpflanzen
Besonderheiten

Landschaftsbrücke

Infopavillon
Süd-Amerika

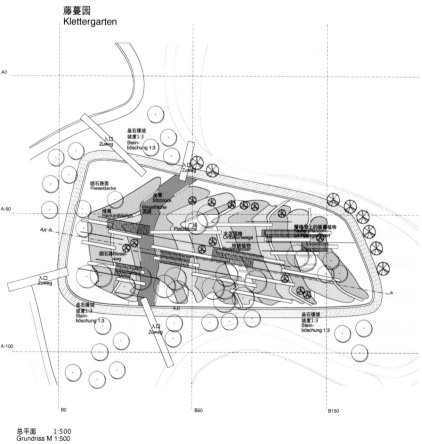

藤蔓园
Klettergarten

总平面　　1:500
Grundriss M 1:500

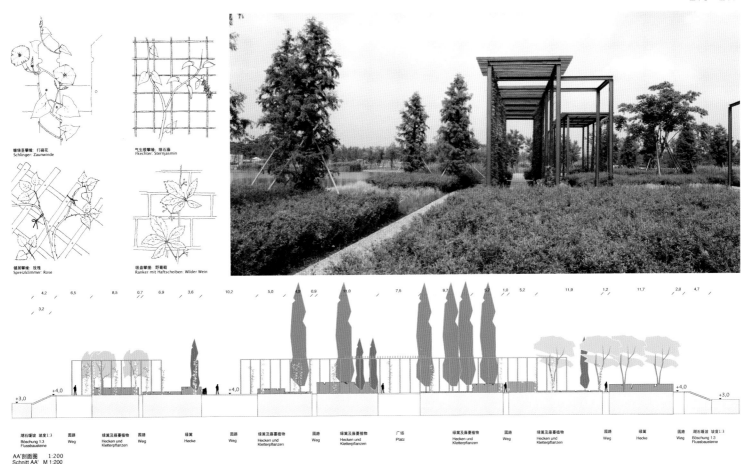

缠绕茎攀缘: 打碗花
Schlinger: Zaunwinde

气生根攀缘: 络石藤
Flechter: Sternjasmin

钩屑攀缘: 玫瑰
Spreizklimmer: Rose

吸盘攀缘: 野葡萄
Ranker mit Haftscheiben: Wilder Wein

| 湖石缓坡 坡度1:3 Böschung 1:3 Flussbausteine | 园路 Weg | 绿篱及藤蔓植物 Hecken und Kletterpflanzen | 园路 Weg | 绿篱 Hecke | 园路 Weg | 绿篱及藤蔓植物 Hecken und Kletterpflanzen | 园路 Weg | 绿篱及藤蔓植物 Hecken und Kletterpflanzen | 广场 Platz | 绿篱及藤蔓植物 Hecken und Kletterpflanzen | 园路 Weg | 绿篱及藤蔓植物 Hecken und Kletterpflanzen | 园路 Weg | 绿篱 Hecke | 园路 Weg | 湖石缓坡 坡度1:3 Böschung 1:3 Flussbausteine |

AA'剖面图 1:200
Schnitt AA' M 1:200

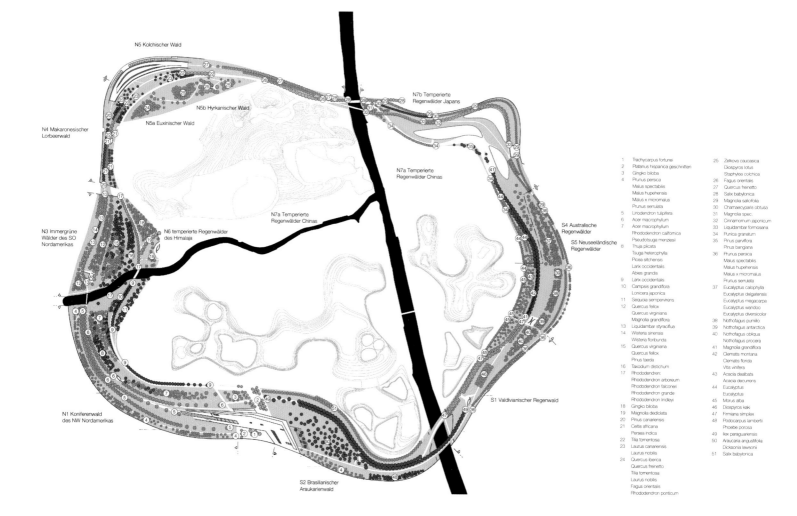

N5 Kolchischer Wald

N7b Temperierte
Regenwälder Japans

N4 Makaronesischer
Lorbeerwald

N5b Hyrkanischer Wald

N5a Euxinischer Wald

N7a Temperierte
Regenwälder Chinas

N3 Immergrüne
Wälder des SO
Nordamerikas

N7a Temperierte
Regenwälder Chinas

N6 temperierte Regenwälder
des Himalaja

S4 Australische
Regenwälder

S5 Neuseeländische
Regenwälder

N1 Koniferenwald
des NW Nordamerikas

S1 Valdivianischer Regenwald

S2 Brasilianischer
Araukarienwald

1 Trachycarpus fortunei	25 Zelkova caucasica
2 Platanus hispanica geschnitten	Diospyros lotus
3 Gingko biloba	Staphylea colchica
4 Prunus persica	26 Fagus orientalis
Malus spectabilis	27 Quercus frenetto
Malus hupehensis	28 Salix babylonica
Malus x micromalus	29 Magnolia saliofolia
Prunus serrulata	30 Chamaecyparis obtusa
5 Linodendron tulipifera	31 Magnolia spec.
6 Acer macrophyllum	32 Cinnamomum japonicum
7 Acer macrophyllum	33 Liquidambar formosana
Rhododendron californica	34 Punica granatum
Pseudotsuga menziesi	35 Pinus parviflora
8 Thuja plicata	Pinus bangiana
Tsuga heterophylla	36 Prunus persica
Picea sitchensis	Malus spectabilis
Larix occidentalis	Malus hupehensis
Abies grandis	Malus x micromalus
9 Larix occidentalis	Prunus serrulata
10 Campsis grandiflora	37 Eucalyptus calophylla
Lonicera japonica	Eucalyptus delgatensis
11 Sequoia sempervirens	Eucalyptus megacarpa
12 Quercus fellox	Eucalyptus wandoo
Quercus virginiana	Eucalyptus diversicolor
Magnolia grandiflora	Nothofagus pumilio
13 Liquidambar styraciflua	38 Nothofagus antartica
14 Wisteria sinensis	39 Nothofagus obliqua
Wisteria floribunda	40 Nothofagus procera
15 Quercus virginiana	41 Magnolia grandiflora
Quercus fellox	42 Clematis montana
Pinus taeda	Clematis florida
16 Taxodium distichum	Vitis vinifera
17 Rhododendren:	43 Acacia dealbata
Rhododendron arboreum	Acacia decurrens
Rhododendron falconeri	44 Eucalyptus
Rhododendron grande	Eucalyptus
Rhododendron lindleyi	45 Morus alba
18 Gingko biloba	46 Diospyros kaki
19 Magnolia dedlolata	47 Firmiana simplex
20 Pinus canariensis	48 Podocarpus lamberti
21 Celtis africana	Phoebe porosa
Persea indica	49 Ilex paraguariensis
22 Tilia tomentosa	50 Araucaria angustifolia
23 Laurus canariensis	Dicksonia lawsoni
Laurus nobilis	51 Salix babylonica
24 Quercus iberica	
Quercus frenetto	
Tilia tomentosa	
Laurus nobilis	
Fagus orientalis	
Rhododendron ponticum	

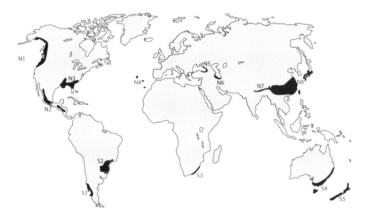

Weltweite Verteilung der temperierten und subtropischen Wälder der Erde
Distribution of the temperate and subtropical forests of the world

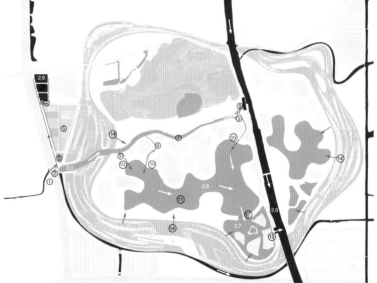

欧洲
Europa
$A_{brutto} = 2,8 \text{ hm}^2$

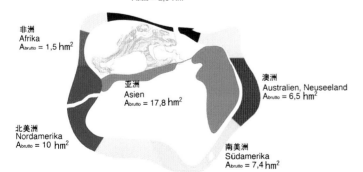

非洲
Afrika
$A_{brutto} = 1,5 \text{ hm}^2$

亚洲
Asien
$A_{brutto} = 17,8 \text{ hm}^2$

澳洲
Australien, Neuseeland
$A_{brutto} = 6,5 \text{ hm}^2$

北美洲
Nordamerika
$A_{brutto} = 10 \text{ hm}^2$

南美洲
Südamerika
$A_{brutto} = 7,4 \text{ hm}^2$

绿环引种种植规划

1　取运河水，水质标准 5 类
　　Wasserentnahme Kanal, Wasserqualitätsstufe IV

2　过滤设施，机械净化
　　Rechen, mechanische Vorreinigung

3　沉淀池
　　Absetzteiche

4　水泵
　　Pumpe

5　水生植物净化池
　　Pflanzenkläranlage

6　植物园入水口
　　Zufluss zum Bot. Garten, Wasserqualitätsstufe III

7　原有河流
　　stehender Fluss

8　水坝
　　Wehr / Schleuse

9　溪流入口
　　Zulauf Wiesenbäche

10　湖岸湿地区域
　　 Feuchtzone mit Bruchwäldern

11　湖水，水质标准 3 类
　　 Seewasser, Wasserqualitätsstufe III

12　水瀑流入水生植物专类园
　　 Überlauf Wassergärten

13　水位控制口
　　 Überlauf Kanal

14　地表水汇入
　　 Oberflächenwasser Zufluss

欧几里德公园

The idea of Euclid Park is that the Native and drought-tolerant plantings highlight interactive, neighborhood park.

作为一个公共"后院"的设想，Euclid公园在加利福尼亚州的圣莫尼卡一个人口稠密的公寓居住区为公众打造了一处开放空间。这个公园同时也服务于毗邻美国脑性麻痹协会管理下的Hacienda del Mar独立居住区的特殊需求。Hacienda del Mar的前身是一所医院，是圣莫尼卡存留至今的最为古老的历史建筑之一。

梯度土丘和倾斜盆地的地形为在其他地方勘探平坦地形创造了机会。低矮的草坪既可以作为遮阳结构下的非正式露天剧场坐席，又可以收集和分散从公园高处和建筑屋顶上流下的雨水。人字形的石块铺装路径在丰富路面质感的同时，也与白砖外墙及建筑内部的庭院基调相呼应。游乐设备下方的绿色安全保护层替代了草坪植被，以确保可以随意踩踏。而在树木聚集的中央地带，沙石则被风化花岗岩取而代之。

由于该居住区对公园的特殊需求和考虑到日后花园维护方面的问题，在沿着示范性花床和租赁地块的区域采用了一系列翠绿色的可接近的高位栽培床。

整个场地内都有超大型花坛标记着砖体路面的尽头。位于樟树下的一个坚固花坛构成一处休息区，人们可以在树阴的笼罩下落座休憩。在路对面的尽头是另外一个超大的花坛，里面的植物是一种够吸引鸟类和蝴蝶栖息的当地耐旱植物，它构成了以鸟舍为特色的公园焦点。

Location / 地点: Santa Monica, USA Date of Completion / 竣工时间: 2008 Area / 占地面积: 137,593 m² Landscape / 景观设计: Rios Clementi Hale Studios, Mark Rios, Jennifer Schab, Therese Kelly, Randy Walker Photography / 摄影: Tom Bonner Client / 客户: City of Santa Monica

地面：风化花岗岩
人行道：条形砖，人字形铺砖
家具：混凝墙体，木制聚合物
照明：地灯，荧光灯
树木：加利福尼亚胡椒树，莸酮，大型
天堂鸟，掌叶铁线蕨，粉色朝颜
灌木：黄杨木，蝴蝶灌木，蝴蝶薄荷，
加利福尼亚向日葵
藤类植物：加利福尼亚野蔷薇

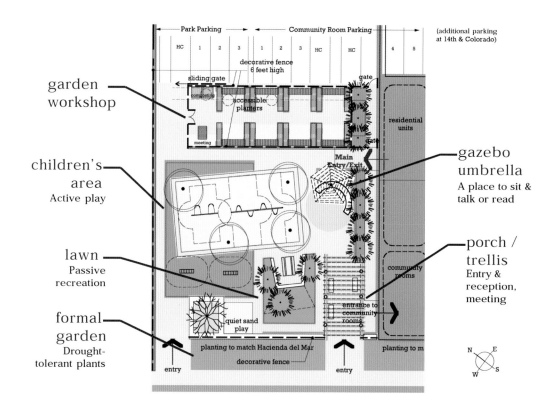

garden
workshop

children's
area
Active play

lawn
Passive
recreation

formal
garden
Drought-
tolerant plants

gazebo
umbrella
A place to sit &
talk or read

porch /
trellis
Entry &
reception,
meeting

Park Parking — Community Room Parking

(additional parking
at 14th & Colorado)

HC 1 2 3 1 2 3 HC HC 4 5

decorative fence
6 feet high

sliding gate

gate

composting

accessible
planters

meeting

residential
units

gate

Main
Entry/Exit

community
rooms

entrance to
community
rooms

quiet sand
play

planting to match Hacienda del Mar

decorative fence

planting to m

entry

entry

N
E
S
W

水域郊野公园游乐区

The natural play area draws on the geology and soil conditions of the space, alluding to the history of the space as a boating lake and Fairlop Fair, and connecting it to the adjacent Boulder Play area and lake.

这个面积达40,000m²的游乐区位于Fairlop水域郊野公园的北部区域。该设计为孩子们（特别是8到13岁）提供了一个天然的，可以尽情玩耍的体验场地。设计注重选取对想象力开发有最大潜力的区域，采用已有枯树干结合作为天然的设施，并与一系列隐藏区域相结合，以此鼓励孩子们去发现和探索。

该天然游乐区的设计充分利用了场地的地质和土壤条件，同时暗示了该地曾作为游船湖和Fairlop博览会的历史，将这里和Boulder游乐区和湖连接到一起。这片区域具有一系列的活动功能，这些设计是为了通过设置一些挑战来锻炼孩子的身体并挖掘他们的创造潜力：例如攀爬、平衡、奔跑、跳跃，与此同时，一些实验性、体验性和教育性的设施也可以鼓励他们积极创作自己的故事情节和场景。该项目宗旨是创造一个具有激励意义的自然环境，可以促进孩子们亲自探索他们周围的环境，当然也包括提升社交沟通能力。

各个区域通过采用统一形式的材料，如木质结构一致采用原木，而被连接起来。为互动游戏预订的钟塔每个都有不同的音调，作为背景的林木和草地野花的栽种贯穿始终。场所也从邻近的Boulder游乐场地"借用"重要材料——原木游乐场的Coxwell碎石缓冲垫，小卵石的非正式座椅。由于该项目是建在一个垃圾填埋场上，因此设计介入最大不超过地下300mm，以免破坏覆盖在垃圾填埋场上的土壤。

Location / 地点: London, UK Date of Completion / 竣工时间: 2010 Area / 占地面积: 40,000 m² Landscape / 景观设计: FoRM Associates with artists Olivia Fink and Stephen Shiells and PiP Photography / 摄影: FoRM Associates Client / 客户: London Borough of Redbridge

人行道：砾石，草家具：原木
植物：当地树种，当地混合草种

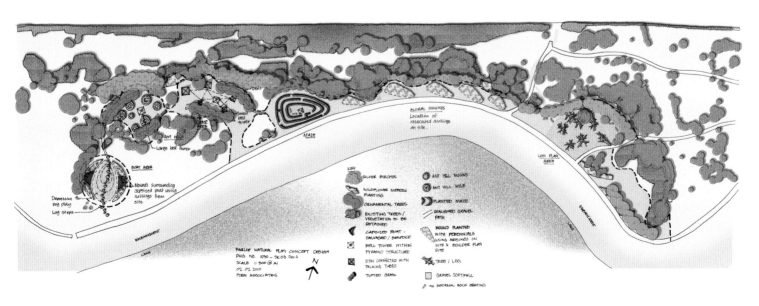

BP公司遗址公园

Located on Waverton Peninsula, the site is the first of a series of waterfront areas in North Sydney to be transformed from industrial depots into public parklands.

坐落于威弗敦半岛，该地是北悉尼地区第一处由工业仓库改变为公共绿地的滨海地区。25,000m²的滨海公园的建成，是1997年新南威尔士州政府决定转变威弗敦三处滨海工业区为公共用地，并拒绝作为房地产开发项目出售的结果。遵循BP澳大利亚对该地区的整治，McGregor Coxall公司的景观设计师被任命为本案的首席顾问，负责准备具体的设计图纸和监督新公园的建设。

设计师对该地区以前内敛简单、结构强大的设计风格给予肯定，在新设计中保留该地区工业遗址的原貌，发挥由一系列开放空间、湿地、壮观的观景台构成的海港位置的地理优势。此处的观景台环绕于引人注目的半圆形砂岩峭壁之间。峭壁周围由混凝土和金属质地的楼梯构建而成，这种方式可以防止水腐蚀，在水下可以发现吸引野生生物的生态系统。

该项设计采用了多种可持续发展的环境举措。该地区的土壤并未交付给垃圾填埋场处理，而是混合进口有机物质后，在设计改造时得到回收利用。种植种子是从附近的Balls Head收集而来，作为种植物种的源头开始成长、繁殖，以保持该地区自然植物群落的配比平衡。

公园内还设有一个综合性雨水收集和过滤系统，该系统可以把采集而来的雨水引导入种植水生植物的池塘。在排放入海港之前，池塘会对雨水进一步过滤和净化。这种延迟措施还可以带来额外的好处，因为它为青蛙、各种禽类和鸟类创建了栖息地。

此外，公园在确定使用现浇混凝土和镀锌钢材料的同时，考虑到使用以前的废弃工业设备，因为选用这些废旧材料拥有低成本、低影响、低维护费用的优点。

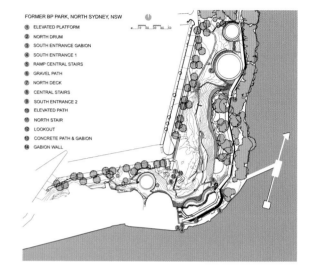

FORMER BP PARK, NORTH SYDNEY, NSW
1. ELEVATED PLATFORM
2. NORTH DRUM
3. SOUTH ENTRANCE GABION
4. SOUTH ENTRANCE 1
5. RAMP CENTRAL STAIRS
6. GRAVEL PATH
7. NORTH DECK
8. CENTRAL STAIRS
9. SOUTH ENTRANCE 2
10. ELEVATED PATH
11. NORTH STAIR
12. LOOKOUT
13. CONCRETE PATH & GABION
14. GABION WALL

Location / 地点: Sydney, Australia Date of Completion / 竣工时间: 2005 Area / 占地面积: 25,000 m² Landscape / 景观设计: McGregor Coxall Photography / 摄影: Brett Cornish, Brett Boardman, Simon Wood Client / 客户: North Sydney Council

墙体：混凝土
地面：混凝土
台阶：混凝土
观景平台：钢材
栏杆：钢材
家具：木材，钢框架
植物：草坪，澳大利亚当地植物

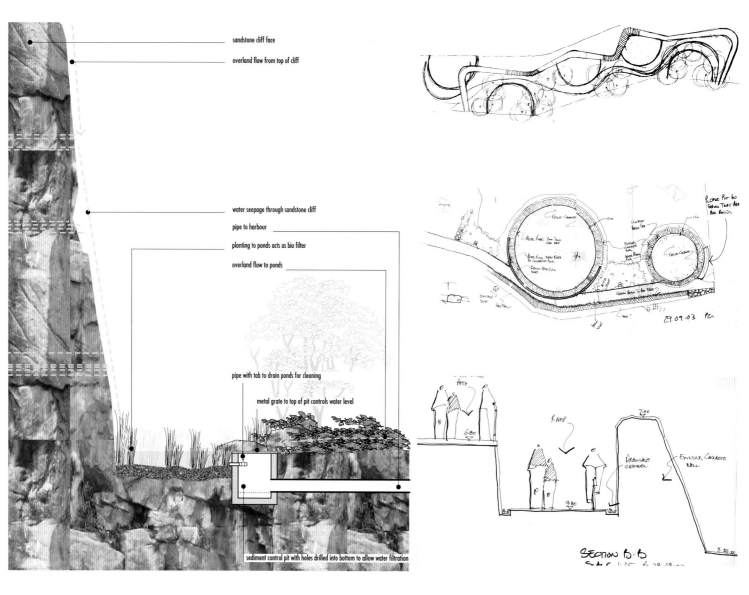

sandstone cliff face

overland flow from top of cliff

water seepage through sandstone cliff

pipe to harbour

planting to ponds acts as bio filter

overland flow to ponds

pipe with tab to drain ponds for cleaning

metal grate to top of pit controls water level

sediment control pit with holes drilled into bottom to allow water filtration

SECTION B:B

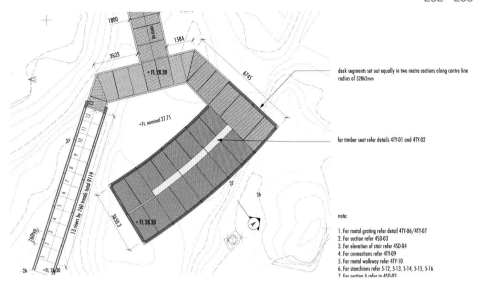

deck segments set out equally in two metre sections along centre line
radius of 32862mm

for timber seat refer details 4TY-01 and 4TY-02

note:

1. For metal grating refer detail 4TY-06/4TY-07
2. For section refer 4SD-03
3. For elevation of stair refer 4SD-04
4. For connections refer 4TY-09
5. For metal walkway refer 4TY-10
6. For stanchions refer 5-12, 5-13, 5-14, 5-15, 5-16
7. For section A refer to 4SD-03

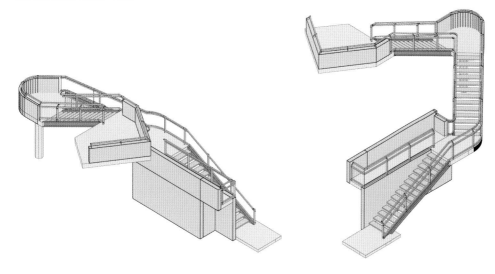

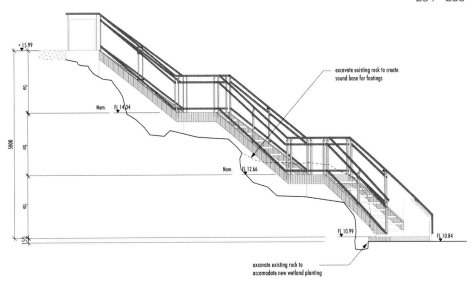

+15.99

Nom. FL 14.34

Nom. FL 12.66

5000

FL 10.99

FL 10.84

excavate existing rock to create
sound base for footings

excavate existing rock to
accomodate new wetland planting

福冈樱花园

The park maintains and fully utilizes the vernacular landscape around the historic Fukuoka dam while paying careful attention to the ecological function of the site.

福冈樱花园坐落在Kokai河段福冈大坝沿岸，它是日本关东区三大历史大坝之一。该项目是由茨城县和筑波市合作建成，用以纪念伊奈町与谷和原村合并成为筑波未来市。

该公园保持和充分利用了福冈历史大坝的自然景观，同时对场地的生态功能给与高度重视。设计中尽量保留已有树木，以维护场地周边环境的生态多样性。因为该场地原以其美丽的樱花园游会闻名，所以樱花主题自然而然地成为公园设计的概念之一。主入口的"樱与风"纪念碑仿佛在欢迎人们的来访，它也是筑波未来市建立的象征。

由于福冈樱花园位于Kokai河岸，因此设置娱乐性同时也确保安全性的水上娱乐设施是设计者的另一概念。为人们提供舒适的、便于社交且与自然、水密切关联的场地是花园设计的重要目标之一。"水纪念碑"、"雾泉"和"Jabu-Jabu池塘"是中央公园的主题，也是来访者在夏天体验高度互动的亲水游戏的好去处。设计者希望花园可以让所有人——包括成人和孩子，在水景设施中享受一天的同时，也能感受到溪水、池塘中生态系统的重要性。

随着季节的更替，大自然赋予公园的美丽也会随之变幻，春天盛开的樱花，夏天嬉水的乐趣，秋天缤纷的色彩，都让这里美不胜收。

Location / 地点: Tsukubamirai City, Japan **Date of Completion** / 竣工时间: 2006 **Area** / 占地面积: 27,000 m² **Landscape** / 景观设计: Keikan Sekkei Tokyo Co., Ltd. **Photography** / 摄影: Keikan Sekkei Tokyo Co., Ltd. **Client** / 客户: City Planning Division of Tsukubamirai City and Ibaraki Prefecture

露台：钢材
凉亭：木材
藤架：钢材
卫生间：钢材
儿童游乐设施：钢材
植物：樱桃树，银杏树，水杉，木兰
树，梾木，杜鹃花，紫藤，产于非洲的
爱情花

preserved woods

preserved woods

water monument

overlook

canopy walk

mist fountain

parking

gazebo

kids open space

wind monument

play equipment

big lawn(cherry blossom viewing)

jabu-jabu pond

overlook plaza

parking

S=1/500

Master Plan

摩拉公园之"绿色大战"

Green Battle is a fight where the combatants throw balls of green mud at each other in order to cover themselves and the battlefield in this mix.

"绿色大战(La batalla Verde)"是一种鼓励参与者互掷绿色泥巴的户外游戏。实际上这种绿色泥巴里含有植物种子,这样不到2至3周后,"战场"就会变成长满耐旱植物的花园。

很多人听过西班牙的西红柿大战,每年约有5万名游客聚集在一起,相互投掷10万公斤的西红柿。当然也有水战、枕头大战、泡沫大战等等,所有这些游戏虽然都很有趣,但也相当浪费资源。而绿色大战则不然,这种方式的游戏旨在绿化游戏场地,所用场地通常为废弃建筑工地或毫无生气的停车场。

瓜达莱斯特是西班牙首个为"绿色大战"提供场地的城镇。"Urbanarbolismo and Eneseis"公司在这个群山环绕的美丽地方设计出造价极低的方案。为了将预算控制在14,500欧元以内,设计师充分利用了已有街道设施如路灯、长椅、秋千和滑梯,并将他们漆成醒目的橘色,使其与新铺设的安全防护地面相呼应。

公园中所有斜坡都向中心区域靠拢,考虑到地表径流的问题,低洼处被确定为将要播种的位置。随后就是如何绿化的问题。为鼓励居民积极参与,设计公司将这次活动取名为"绿色大战",最终约有200人参与到游戏中来,展开大战,直到混有种子的泥巴遍布场地和他们全身上下。种子中包括一种能快速生长的草种和一些本国植物品种,如百里香和石楠属植物,以使丰富的颜色和芳香的气味为游戏增添更多乐趣。

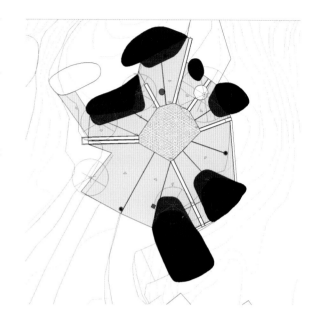

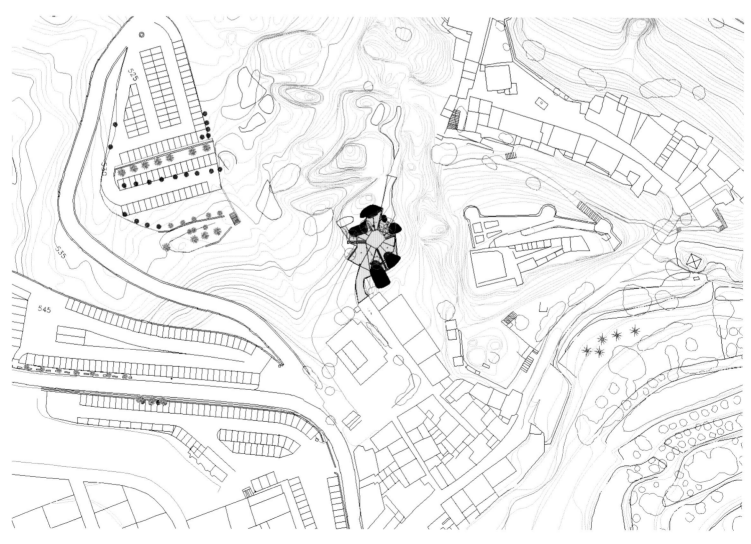

Location / 地点: Guadalest, Spain Date of Completion / 竣工时间: 2010 Area / 占地面积: 300 m² Landscape / 景观设计: Urbanarbolismo+Eneseis Photography / 摄影: Urbanarbolismo Client / 客户: Guadalest Town Council

地面：彩色橡胶，混凝土
植物：草，迷迭香

Nabito的感官花园

The goal of the project is to invite users to a path in which the scene is always changing.

意大利弗洛西诺尼市Corso Lazio地区的居民对这片公共绿地的期盼已有25年之久，如今终于成功建成。感官花园的建设是该地重新整体规划的一个起点，旨在提升公共环境，完善公共服务。由于之前这里公共空间的缺乏，致使附近整个居民区的生活品质受到极大影响，更谈不上宜居或可持续发展的问题。基于这个原因，花园互动空间被相应地扩大，夸张、多变的结构和具有互动性的设计元素与之前的乏味形成巨大的反差。此外，人工与自然元素的紧密融合使花园呈现一片欣欣向荣的景象。

这是一个可以促进当地居民友好互动、集会，享受美好生活的全新乐园，因此对促进弗洛西诺尼社会的可持续发展具有不可忽视的推动作用。尊重居民享有公共空间的需求和权利，并为此做出不懈努力的种种行动已经成为该地区发展规划的特色所在。

在构思过程中，设计师将感官作为一种隐喻，把自己和周围的人与环境关联起来。花园中的每个区域都代表着人类的一种感官，过往的人们将情不自禁地把自己置身于空间之中。欲隐欲现的小路意味着发现，蜿蜒的路线总是给参观者留有空间，发现惊喜，探索、体验不同地方的景致。

小路连接的五个景观元素是设计的精华所在和最具诗意的地方：嗅觉将在这清新的环境里被唤醒；听觉会被人群的欢乐声所牵动；满园的艳丽玫瑰堪称是华美的视觉盛宴；中间锥体元素的材料质感给人以触觉上的享受；品尝天然美味的水果更是对味蕾的极大犒赏。这座自然与人工元素巧妙融合的花园，不仅易于维护，而且坚固耐用，便于调整。

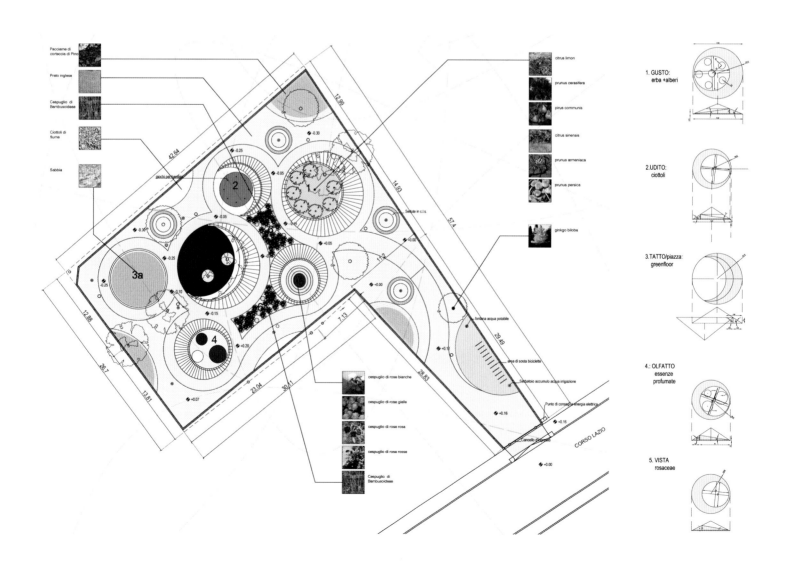

Location / 地点: Frosinone, Italy Date of Completion / 竣工时间: 2011 Area / 占地面积: 2300 m² Landscape / 景观设计: Alessandra Faticanti Roberto Ferlito and Partners Photography / 摄影: Claudia Pescatori Client / 客户: Frosinone's Municipality

植物：银杏树，柠檬树，杏树，李子树，西洋梨树，柑橘树，迪竹亚科树，红玫瑰，白玫瑰，黄玫瑰，紫玫瑰，薰衣草，鼠尾草

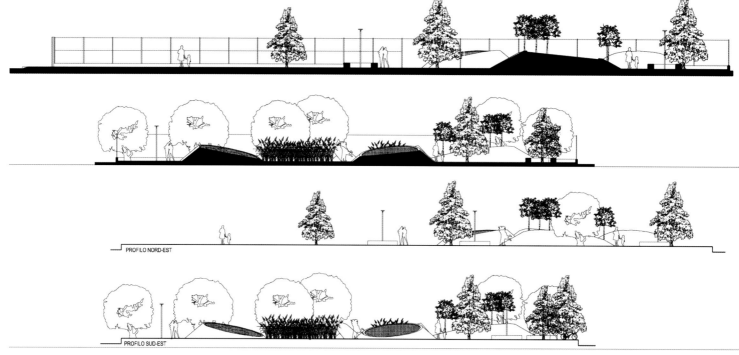

PROFILO NORD-EST

PROFILO SUD-EST

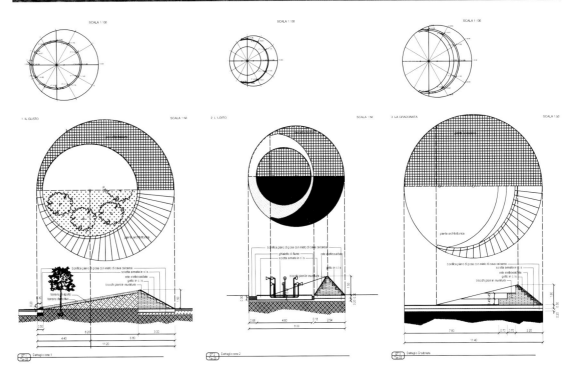

诺思广场

An exemplary park made from recycled waste, Ealing's Northala Fields proves that creative design can be economic.

一座由回收垃圾建造而成的示范公园——Northala Fields证明了创意设计也可以具有很高的经济性。公园位于伊灵市，是伦敦数十年来新建成的最大的公园。由附近的温布利露天体育场和西部购物中心发展带来的废品被利用在这里，形成了公园中最受人瞩目的焦点：四座大型土丘高地。

在肯辛顿和切尔西娱乐广场举行公开咨询会后，设计竞标比赛随之展开。在此期间，大地艺术的提案设计一举胜出。公园景观设计，具体设计方案的实施和公园的施工建设都由LDA公司统一负责。

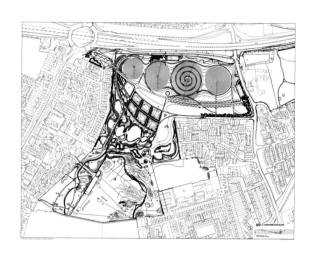

从25m高的峰顶向下俯瞰，可以将首都伦敦的壮观景象尽收眼底，如在晴好天气，伦敦之眼也清楚可见。这些假山已然成为了特色地标，与此同时，由于公园毗邻A40线公路，车辆的噪声和废气导致附近环境恶劣，并直接影响伦敦市中心地区。新设计有效缓解了这一状况。

可持续性设计及施工方法的运用贯穿于整个公园建设的始终，包括木材、塑料、混凝土、碎石等废旧材料也得到大量回收利用。此外，一些材料在粉碎后还被设计成供各种花草生长的介质。公园内池塘、草地随处可见，拥有多样化的生态环境。两个儿童游乐场、一个沼泽地保护区、船型水池、自行车道、露天运动场等所有不同活动区域的设计都汇集在一起，创建了一个生态和谐的公园，一件欧洲最大的土地艺术品。

材料：塑料，木材，混凝土，地砖，碎
骨料

Location / 地点: London, UK Date of Completion / 竣工时间: 2008 Area / 占地面积: 185,000 m² Landscape / 景观设计: FoRM Design, LDA Design Photography / 摄影: LDA Design Client / 客户: Ealing Council

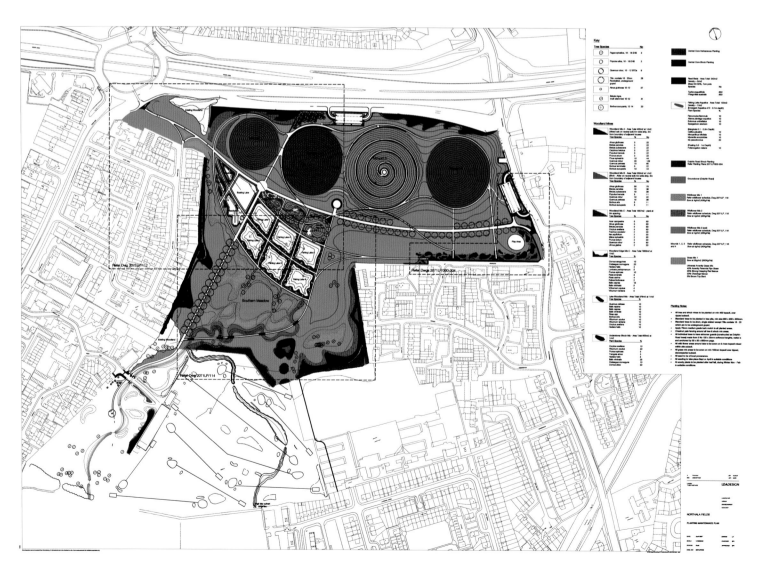

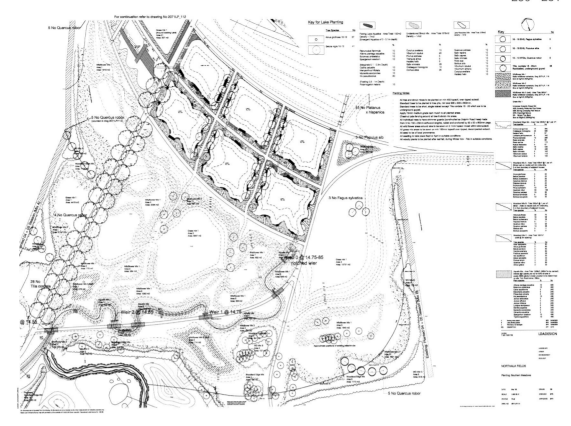

欧・德尼尔街疗养院花园

The project is a small garden in a nursing home in Madrid with the minimum possible elements and a very low cost.

在设计师看来，该公园景观作为一处通过人为设计打造出来的自然环境有着不可言喻的韵律美感，这种韵律体现在丰富、多变的自然特性与清晰、统一的设计手法之间。在设计植物和路径的布局时，设计者以一种明晰、不规则的布局形式强化了它们之间的对比。不同颜色构成的元素随着蜿蜒的路线不规则地分布，将广场划分为三块区域：栽植区，排水区和路径。组合后的形状俨然一个放大的抽象图案。

花园栽培植物的选择考虑到植物的高度，对严酷的气候及城市污染的适应性和耐旱性等因素。经过综合考虑后，薰衣草、鼠尾草、串钱柳和羊茅草被定为花园植物群落构成的主体。

与抵御恶劣自然条件的目的相同，设计者在建设中尽量采用再生材料，以进一步体现生态设计的理念。因此他们没有使用常用碎石，而是以回收的混凝土碎石取而代之。在雨天起到防滑作用的凹凸地表与合成树脂，回收的玻璃搭配在一起，在阳光下会散发出异常缤纷耀眼的光彩。路径和种植区之间用作排水层的深色碎石都来自于拆除路面时保存下来的废弃材料，经过粉碎加工后重新用于花园建设。

RECYCLED MATERIALS DIAGRAM

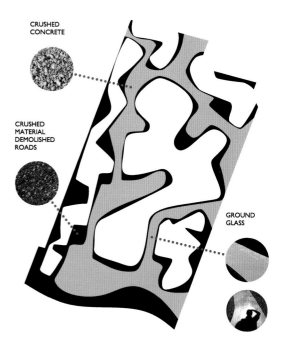

CRUSHED CONCRETE

CRUSHED MATERIAL DEMOLISHED ROADS

GROUND GLASS

Location / 地点: Madrid, Spain Date of Completion / 竣工时间: 2009 Area / 占地面积: 1028 m² Landscape / 景观设计: Caballero+Colón de Carvajal Photography / 摄影: Miguel de Guzmán Client / 客户: Family and Social Affaires Department in Madrid´s City Council

地面：再生沥青
人行道：混凝土，树脂，再生玻璃
植物：芳香植物

PAVEMENTS

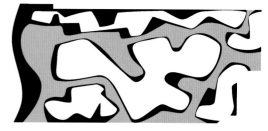

● RECYCLED ROAD MATERIAL ● CONCRETE PAVEMENT

VEGETATION

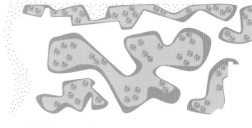

● LAVANDULA ● SALVIA ● CALLISTEMON ∴ FESTUCA

FURNITURE

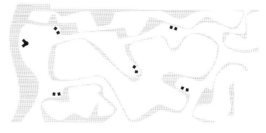

● TABLE ■ CHAIR

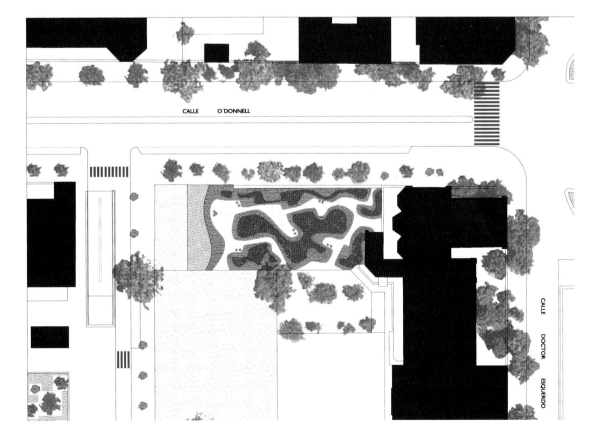

CALLE   O'DONNELL

CALLE DOCTOR ESQUERDO

Herzeliya市公园

The work is being implemented and adjusted in a dynamic process of public participation and education, on-site research about the site's unique natural processes and assets, and an on-going understanding on what is expected and needed in a modern urban park.

Herzeliya市公园将生态必要性和多功能性成功地结合在设计中。该公园在保护了成片的冬季泛洪湿地和候鸟栖息地的同时,为所有人提供了一个舒适的公共休闲空间。

原有的矩形排水系统和洪灾预防系统与场地内的树木相结合有着特殊的寓意——树的枝杈象征着一种组织构架,它决定了公园布局的形式。公园的总体规划体现了"流露自然"的意境,同时也暗示了公园曾是一片湿地的背景。通过在公园内建设用于废水回收利用的灌溉系统,使大片草坪的铺制更趋于可持续及合理化。该系统与附近的污水处理厂相连接。

项目的一期工程于2008年完工,共分两个部分:沿排水通道分布的自然区域、湖泊、桉木材质的旧看台、运动区和咖啡店,以及一些公共设施建筑。

二期工程在2011年秋季开工。设计围绕独特的冬季水塘及其丰富的野生候鸟物种展开。这些候鸟每年都从欧洲迁往此地,再飞往非洲。观景台、赏鸟亭,及一个用于净化水质的水塘沿着冬季池塘的边缘而建。已有的小桉树林巧妙地穿插在公园内这些新建成的各个部分中。在自然区和活动区间建造的隔离带对于鸟类的栖息至关重要,因此沿着冬季池塘的小路上栽满了芦苇。短柱灯的使用可以防止对保护区造成光污染。运动区松软地面上采用当地植物进行绿化,以便给在该区域运动的市民带来更安全的防护。

Location / 地点: Tel Aviv, Israel Date of Completion / 竣工时间: 2011 Area / 占地面积: 180,000 m² Landscape / 景观设计: Shlomo Aronson Architects Photography / 摄影: Barbara Aronson, Ofer Berger, Barak Gafni Client / 客户: Municipality of Herzeliya

跑道: 彩色橡胶
人行道: 混凝土，沥青
自行车道: 沥青
家具: 木制长椅，现场浇筑的混凝土长椅
凉亭: 金属

月神公园

The Park of Luna has been nominated for the Rosa Barba European Landscape Prize 2010 and is, as part of the project "City of the Sun", selected for the European Urban and Regional Planning Achievement Awards "Special Merit Award" 2010.

历时多年，Heerhugowaard南部传统的农耕地现已转化成一片与居住、休闲与自然开发息息相关的时尚城市景观。公园包括由若干活动场所构成的休闲区和一个作为公园核心要素的自然净化游泳湖。作为Stad van de Zon项目的一部分，月神公园的设计已被2010年罗莎·巴尔巴欧洲景观奖所提名，同时荣获欧洲城市与区域规划成就奖之特别奖（Special Merit Award）。

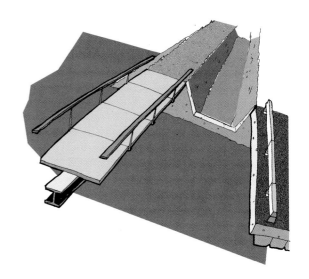

在休闲区，Stad van de Zon完全被70余万平方米的环状开放水域包围。环状水域把住宅区与周围的休闲区分隔开来，保证了计划区域内可以拥有足够大的开放水域空间。休闲区的内侧朝向开放水域和the Stad van de Zon，外侧朝向周围的景观。

公园内气势磅礴的水系统十分独特，它被设计用于存储大量的水，以补充夏季巨大的用水量。水质、便捷性和系统本身的性能在设计中引起了足够的重视。为此，大量建筑被设计成包含循环泵站、自然净化厂、除磷池、桥、独木舟横渡空间的结构。

建筑物的设计确保了经过的路人能在更多的场地内体验到水。依据这一目标，设计师将泵站的屋顶也规划为供游人参观的去处，从上面欣赏湖景的视角颇为理想。此外，泵站被设置在紧邻河岸入口处，净化厂的入口则在高出水平面的适当位置。采用此方法后，作为体验净水过程的地方，建筑本身便成了庞大的净化系统的一部分，同时也成为整体景观中的一大突出特色。

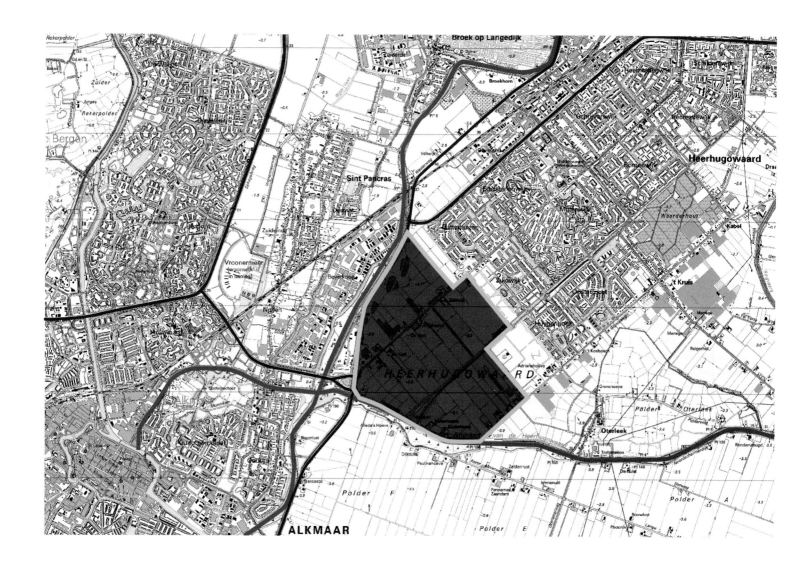

Location / 地点: Heerhugowaard-South, the Netherlands Date of Completion / 竣工时间: 2008 Area / 占地面积: 1,700,000 m² Landscape / 景观设计: HOSPER landscapearchitecture and urban design, DRFTWD office associates, KuiperCompagnons Photography / 摄影: Pieter Kers, Amsterdam, Aerophoto Schiphol BV, Jan Tuijp Client / 客户: Municipality of Heerhugowaard and HAL-board

人行道：地砖，沥青，混凝土，贝壳，
沙子
灌溉系统：芦苇
植物：银杏树，巨杉，丝柏，崖柏，黑
松，落叶松，水杉，扁柏，山杨，野核
桃，柳树，木兰树，白桦树，栗树，甜
樱桃树，皂角树，白蜡树

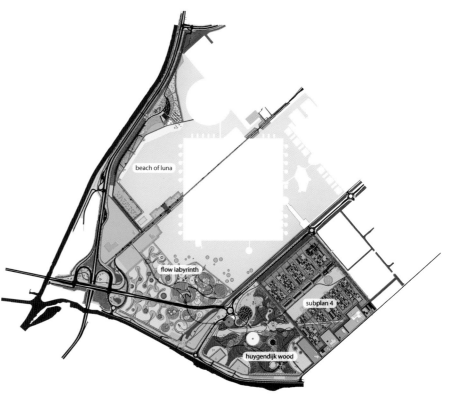

beach of luna

flow labyrinth

subplan 4

huygendijk wood

Pilestredet公园

Pilestredet Park is an urban-ecology pilot project, which was awarded the City of Oslo Architecture Prize (Oslo Byes Arkitekturpris) in 2005 and the National Building Design Prize(Statens Byggeskikkpris) in 2007.

在奥斯陆的老国家医院搬到新址后，市中心超过70,010m²的土地被改建成住宅区和休闲区。Pilestredet公园作为一处城市生态试点工程即建在此处。这里禁止机动车驶入，专供自行车和步行者通行。

Pilestredet公园分别在2005年和2007年被授予奥斯陆建筑奖(Oslo Byes Arkitekturpris)和国家建筑设计奖(Statens Byggeskikkpris) 。

地表排水和暴雨管理系统都体现了设施的优越性能，并在场地内形成了16m高的瀑布。溪流、水渠和水池遍布所有户外区域，每一滴水，或静或动，都经过独具匠心的设计，与蓝天、绿树相映成趣。

本项目基于对环境无破坏、无污染的原则，充分利用了回收建筑材料和医院原本的构成元素。楼梯、墙基、窗框和花岗岩大门被保留下来，并用于地面铺装和楼梯以及边缘的装饰。古老的大门被改造成攀岩墙或重新用于沙坑和水池框架的一部分。混凝土和其他建筑废墟被碾碎后用于场地回填，或者作为道路和公共空间的浇筑混凝土骨料。碎布地毯和一些装饰纺织品被直接用于公园户外地面的铺制。

整个医院搬走之后，施工团队努力设法将这些灌木都保留下来，包括一些距建筑物非常近的树木。为了在城镇中心营造出郁郁葱葱的绿色空间，场地内还另外种植了大量的灌木、攀缘植物和地被植物。地被植物的种植也减少了经常性的除草工作，使日常维护变得容易。

Location / 地点: Oslo, Norway Date of Completion / 竣工时间: 2006 Area / 占地面积: 70,010 m² Landscape / 景观设计: Bjørbekk & Lindheim Ltd. Photography / 摄影: Bjørbekk & Lindheim, Damien Heinisch Client / 客户: Statsbygg

地面，台阶和边缘：再生建筑材料
水幕：钢材

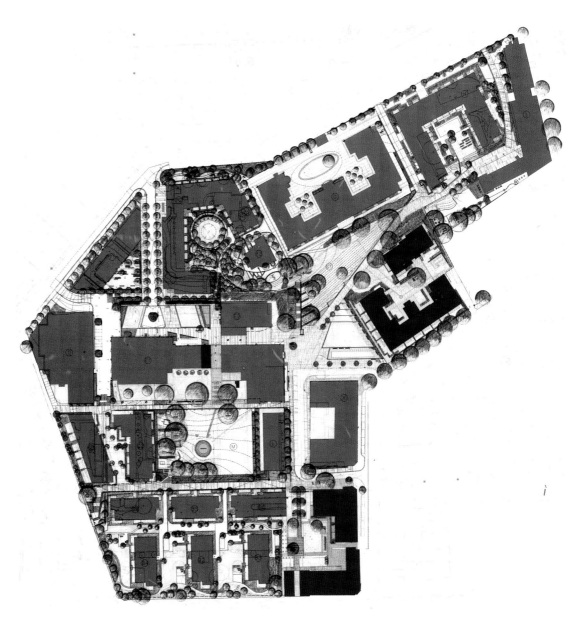

ì

三角铁路站公园

Park am Gleisdreieck provides Berlin a new vision of garden which is sustainable and multifunctional.

设计公司Atelier Loidl Landscape Architects and Urban Planners为柏林市设计了一个特别的公园——粗犷、强健，但又不失感性，可以适应居民不同的使用需求和生活方式。三角铁路站公园不仅功用繁多，它更是一个可以激发游人无限创造力和想像力，集功能与美学为一体的地方。大面积开阔的场地中设有结实的户外长椅，与柳树林、草地融合成一幅美妙的城市美景图。

三角铁路站公园位于柏林市东部Kreuzberg的中心，原是一个呈三角形布局的交通枢纽站。Gleisdreieck这个名字的意思是指世纪之交的高架铁路。从1945年至公园建设之前Gleisdreieck所处区域一直处于荒废状态，直到现在才被开发利用，首次成为城市结构的一部分。

城镇建筑基本要求规定：除了公园本身建设，公园周围约16,000m²的城市土地也在开发计划之内。为实现城市规划设计的可持续发展目标，质量上乘的民居建筑和跨时代生态友好型的居住区连同三角铁路站公园的建设一并实施，力求实现零碳排放量的标准。

三角铁路站公园占据优越的地理位置，在没有任何刻意修饰的情况下，体现了景观建筑的基本要素所在。公园设计尽量保持简单、大方而适度的细节表现，材料与植物的恰当选择又展现出充满诗意的视觉效果。

有些植物的运用是为了进一步强化天然与人工建筑元素之间的对比效果，诗一般优美的景观元素与宏大壮观的整体环境互为映衬。这里将是人们感受自然、消遣时光的理想去处。

Location / 地点: Berlin, Germany Date of Completion / 竣工时间: 2011 (Eastpark) 2013 (Westpark) Area / 占地面积: 360,000 m² Landscape / 景观设计: Atelier Loidl Landscape Architects and Urban Planners Photography / 摄影: Julien Lanoo Client / 客户: State of Berlin

人行道：彩色混凝土，柏油路
家具：混凝土长椅，用混合木材做成的
露台长椅
照明：不同角度的照明灯
植物：桦木树，枫树，洋槐树

竣工时间: 2011 (Eastpark) 2013 (Westpark) Area / 占地面积: 360,000 m² Landscape / 景观设计: Atelier Loidl Landscape Architects and Urban Planners Photography / 摄影: Julien Lanoo Client / 客户: State of Berlin

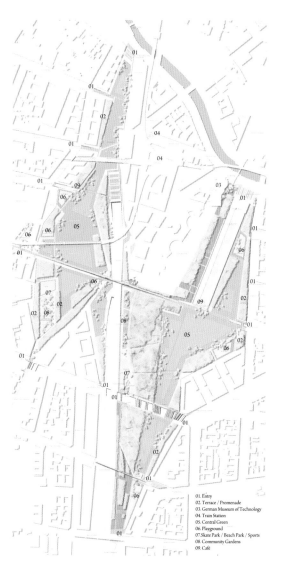

01. Entry
02. Terrace / Promenade
03. German Museum of Technology
04. Train Station
05. Central Green
06. Playground
07. Skate Park / Beach Park / Sports
08. Community Gardens
09. Café

皇家湿地公园

The project Royal Park Wetland is significant as an innovative combination of engineering, ecology and community engagement which has created a unique landscape and water management outcome in a high profile city park

皇家湿地公园是墨尔本境内最大的市内城市公园之一。其设计体现了墨尔本城市园艺的特色，也对当地体育遗产和维多利亚时代遗产的保护作出了重要的贡献。公园始建于1984年，原本的设计目的是希望通过大量种植本地树木和原生植物使初次步入公园的人们被这里的景观设计所吸引。这种见解在公园的新设计方案中仍然具有非常明显的体现，公园在此扮演了一个保留本地生物栖息地的重要角色。

在1998年，墨尔本市通过了皇家公园总体规划设计方案，该方案包括结合雨水回收利用与生态工程技术引入而实现的湿地生态系统开发。设计团队以构建该湿地生态系统为首要目标，为公园西部边缘地带的湿地及周围空地制定了总体景观规划方案。该花园设计以独特的景观环境和先进的水体管理措施成为一个集工程学、生态学和公众参与为一体的革新项目。湿地系统由两个互相连接的池塘组成，池塘即是天然的水质处理场所，又是采集并存储公园和周围地区雨水的地方。回收、净化后的水可用于灌溉，多余的水则排入穆尼塘溪和菲利普港海湾。

从公园鸟瞰图上可以看出，湿地是一个抽象化的生物形态图案。这种设计灵感是源自大地艺术家（比如Smithson）的惊人作品。在地面上观光的游客可以体验到更微妙的感受。半岛延伸至湿地区域，确定了水从池塘入口穿过湿地，而后从池塘出口排出的径流方向。木板路给人们提供了一个与湿地近距离接触的机会，并与一个非正式的小路系统相连接，给人们带来更多美妙的体验。处理池成为了原生态种植区域的核心，与周边的道路和海滨长廊组成了一系列用于教育和休闲的场所。该项目的主要目的是通过开发20,000m²的水生生物栖息地来改善环境，丰富该地区生物的多样性，降低饮用水的使用量，并确保排入海湾的水能得到充分净化。该公园景观的设计实现了以上目标，并与市内生机盎然、欣欣向荣的城市环境相辅相成，构成一片和谐、生态的都市景象。

Location / 地点: Melbourne, Australia Date of Completion / 竣工时间: 2006 Area / 占地面积: 50,000 m² Landscape / 景观设计: Rush\wright Associates; Michael Wright, Catherine Rush, Skye Haldane, Adrian Gray Photography / 摄影: City of Melbourne, David Simmonds, Michael Wright Client / 客户: City of Melbourne

人行道：沥青、砾石，木质露天平台
家具：钢材
植物：湿地植物，当地树木

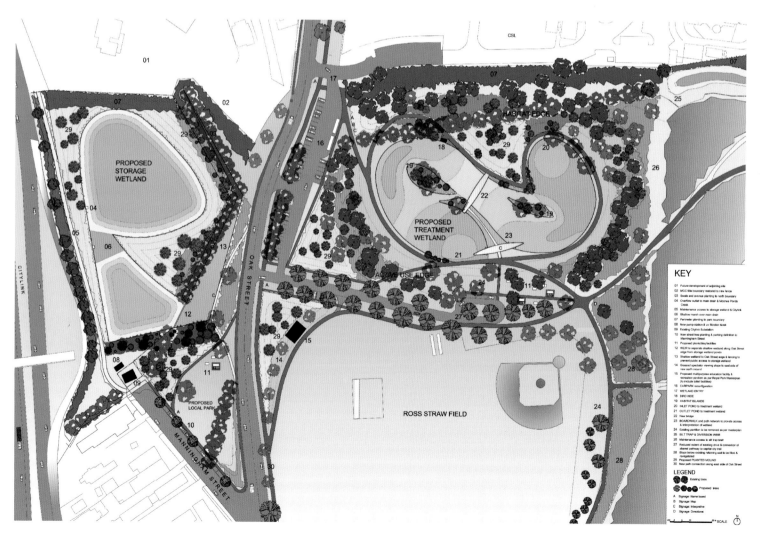

品川区中央公园

Careful planning to preserve the sites' topography, hydrology, and vegetation connects visitors and the park to the larger landscape, while also minimizing environmental impacts and the costs of development.

品川区中央公园坐落在品川市政厅前方，是一个拥有多种广场空间，能适应不同需求的城市公园。入口广场、中央广场，和多功能广场适合举办多种形式和不同规模的团体活动。入口处标志性的喷泉叫做"雾泉"，中央广场内的"山泉"被一条水渠连接起来。孩子们可以一年四季在水中玩耍，这与"经常光顾心爱的公园"这一理念相契合。

公园另一个主要功能就是预防灾害。公园与品川市政厅地下相连，在紧急情况下可作为疏散和集聚场所，同时也可作为灾害发生后的临时救援点。为辅助这些功能，设计者制定了一条清晰的主坐标轴用以连接入口广场、中央广场、多功能广场和市政庭大楼，以便救援人员和民众在紧急情况下也能轻易分辨位置和路线。

品川市中央公园的设计体现了人与自然和谐共生的愿景。精心的设计与规划确保了原有场地地势、水文和植被未遭到破坏的同时，也将其对环境的负面影响和开支降到最低。设计中的重要元素还包括保留原有樟脑树和樱花树，和建造相关的景观设施、小品，比如喷泉、水渠，岩石花园和草地等。其中岩石花园的设计还考虑了方便轮椅使用者进出参观的问题。游乐区配备有的健身器械和其他设计元素都将带给参观者无限乐趣。公园吸引了一大批游园者，甚至在周末都有大量人群前来游玩。在这里享受休闲时光的游客和舒适惬意的公园环境共同组成了一幅迷人的美景图。

Location / 地点: Shinagawa-ku, Japan Date of Completion / 竣工时间: 2007 Area / 占地面积: 20,480 m² Landscape / 景观设计: Keikan Sekkei Tokyo Co., Ltd. Photography / 摄影: Keikan Sekkei Tokyo Co., Ltd. Client / 客户: Shinagawa Parks and Green Spaces Division

地面：地砖，中砾石，花岗岩
照明：路灯，景观顶灯，钠蒸汽灯
假山及喷泉：花岗岩
凉亭：木材
植物：白木兰树，枫树，七叶树，樱桃树，日本山茱萸，李子树，杜鹃花，百子莲，萱草，蒲苇草，紫心木，玉簪花，黄色败酱草，美人蕉，夹竹桃植物，中国水仙，送野菊

Illustrative Isometric View

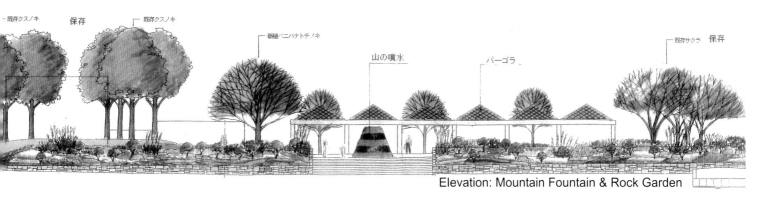

既存クスノキ　保存　既存クスノキ　　新植ベニバナトチノキ　　山の噴水　　パーゴラ　　既存サクラ　保存

Elevation: Mountain Fountain & Rock Garden

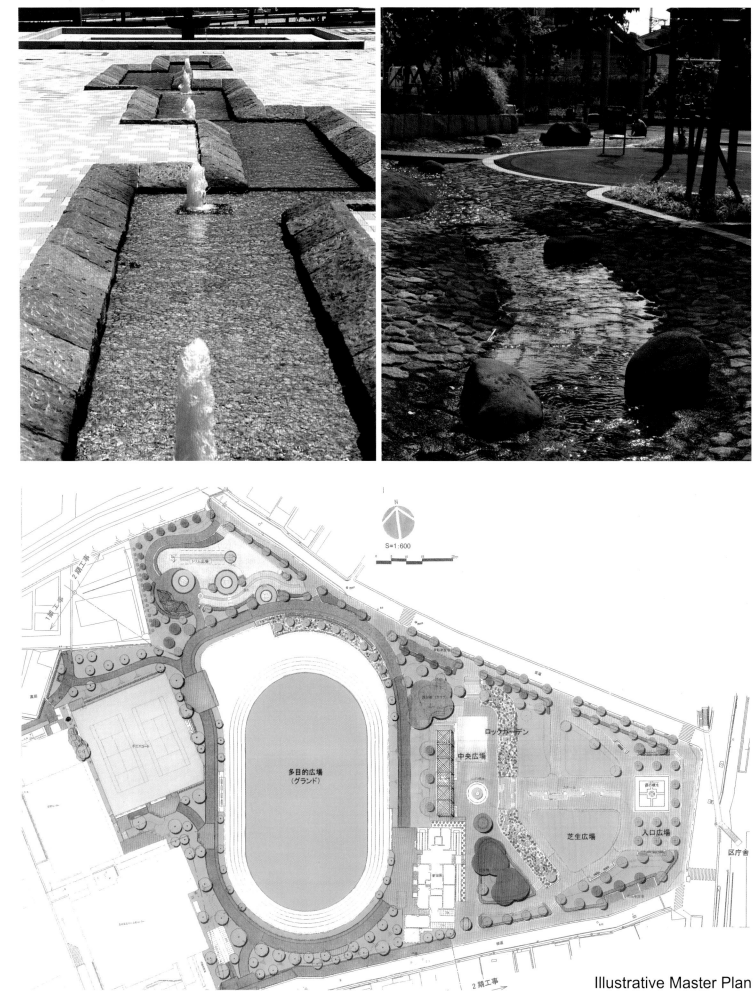

Illustrative Master Plan

解放公园

The main objective of the design was to maintain the valuable large existing trees, but to add more landscape value, season recognition and diversity to the special experience and land use at the same time.

解放公园是一座小型城市公园，位于荷兰南部城市乌登。在2010年翻修之前，这里只是一片占地50,000m²的公共绿地。这片宝贵的开放绿地由于一直未被开发，所以很少有人光顾。HOUTMAN+SANDER景观设计公司在2008至2009年期间与股东、当地政府以及其他相关人员达成协议，为解放公园设计了翻修方案。

尽管公园内的树木被大家公认为是很有价值的，但并非所有树木生长的位置都适宜公园的重新建设。由此，公园内58棵柠檬树被迁移，经规划后塑造了公园布局的主脉：一条由柠檬树组成的林荫大道将市中心和周围区域连接起来。柠檬树装点的大道和之前用来供车辆通行的两条街道使得解放公园的面貌大为改观。

除此之外，一个引来大众关注的地方则是公园面积的变化。作为市内公园，总会有一些举办大型活动的需求，例如马戏团演出。虽然这些合理的公众需求应该得到支持，但这却不能作为造成大面积土地浪费的借口。因此，由树篱围合而成，直径分别在20～100m，高0.8～2m的四个椭圆形结构被建立起来，作为此用。

公园里同样也种植了很多新的植被。其中包括不同季节性的树木和花草，这样的搭配使得公园的季节感变得更强，植物群落层次更加丰富，由此构成的风景也更加优美。从生态角度上说，这些新添加的植物同样促进了该地区的生态平衡，使得许多小动物能在这个城市里找到栖身之地。

公园设计的点睛之笔是在分布在公园内的两个小花园，一个是常年都有鲜花开放的花园，另外一个则是蝴蝶生态观测园。

Location / 地点: Uden, the Netherlands Date of Completion / 竣工时间: 2011 Area / 占地面积: 50,000 m² Landscape / 景观设计: HOUTMAN+SANDER Landscape Architecture, Andre Houtman en Margriet Sander Photography / 摄影: HOUTMAN+SANDER Client / 客户: City Government of Uden

地面：黑色沥青
家具：单人和双人公园长椅
照明：LED灯
运动场：洋槐木植物：柠檬树，开花灌
木，树篱植物

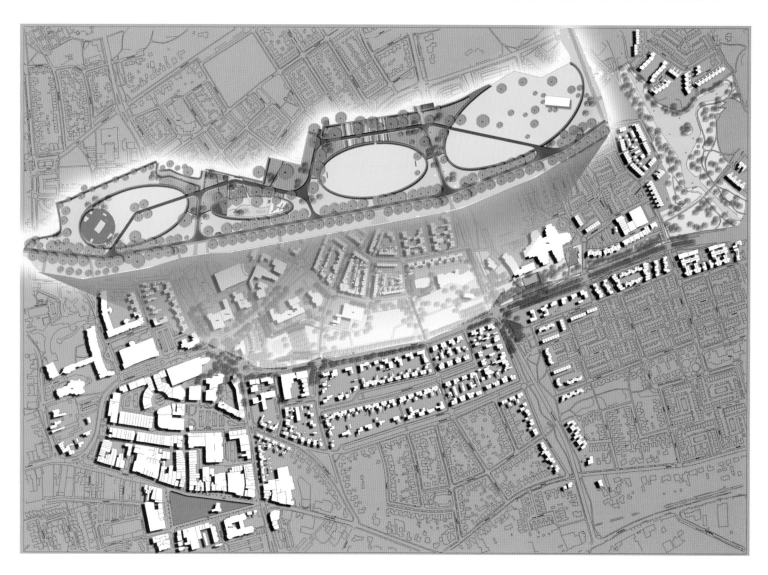

天津桥园公园

This project helps to define the urban public open space that provides multiple ecological, cultural, recreational and aesthetic services, through the creation of multi level grounds and diverse garden spaces.

本案场地原本是一个废弃的打靶场，环境污染问题异常严重，土壤盐碱度高。景观设计师应用生态恢复和再生的理论和方法，通过地形设计创造出深浅不一的坑塘，进而开启了自然植被的自我恢复过程，形成与不同水位和盐碱度条件相适应的植物群落。将地域景观特色和当地植被引入城市的方法维护了城市生态基础设施，也为城市提供了多种生态服务，包括雨水收集利用、当地物种的保护、科普教育，以及美化环境。

该项生态恢复工程于2006年春季开工建设，并于2008年5月正式建成开放。昔日的一块脏乱差的城市废弃地在很短的时间内，经过生态修复工程的介入便一跃成为具有雨洪蓄留、生物多样性保护举措和提供休闲场所、环境教育与审美、益智等多重功能的生态型公园。公园的造价低廉，管理成本很低。更重要的是，这一生态恢复型公园向城市居民展示了一种新的美学观点——建立在环境伦理与生态意识之上的美学观点。与此同时，本案也向人们展示了生态城市主义的光明前景，告诉人们要尊重地域景观的重要性。

作为天津桥园公园中的部分景观，廊桥庭院由四个景观元素组合而成：高台林丘、城市之窗、下沉庭院、亲水湖岸和高架廊桥。这些景观元素在城市与自然环境之间建起了一条优美的游憩廊道。

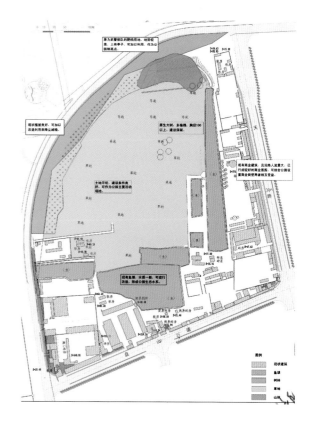

Location / 地点: Tianjin, China Date of Completion / 竣工时间: 2008 Area / 占地面积: 500,000 m² Architect andLandscape / 建筑及景观设计: Turenscape Photography / 摄影: Kongjian Yu Client / 客户: Tianjin Environmental Construction Investment Co., Ltd.

植物：当地草种，当地树种
其他：油漆，石材，木材，混凝土

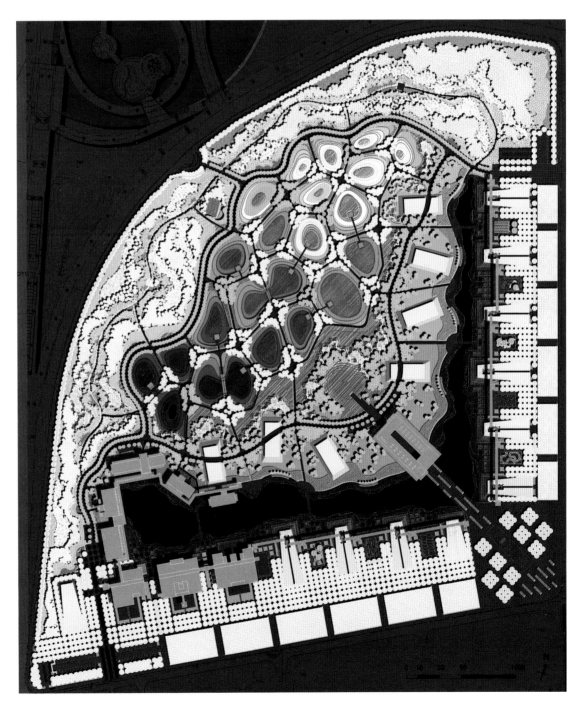

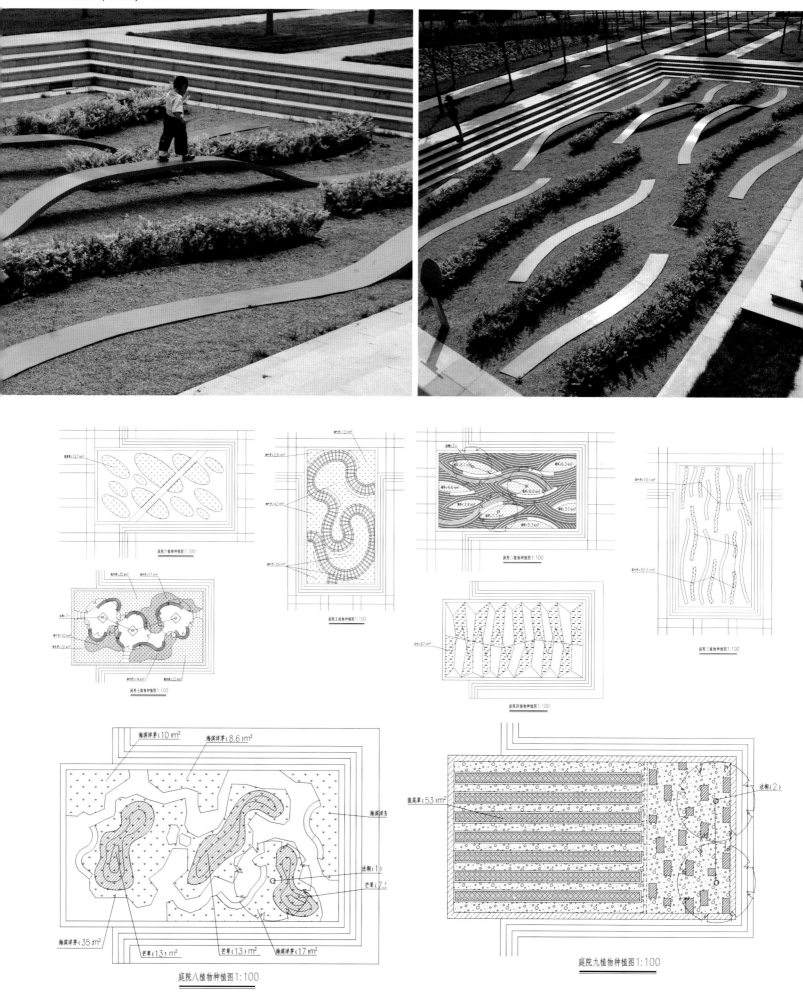

庭院八植物种植图1:100

庭院九植物种植图1:100

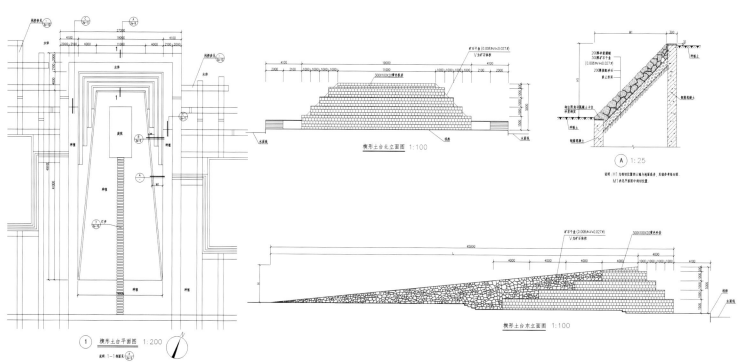

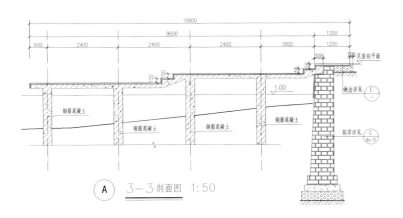

30厚芝麻灰毛面花岗岩
30厚1:3干硬性水泥砂浆
100厚C20混凝土
200厚级配砂石
素土夯实

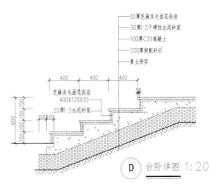

D 台阶详图 1:20

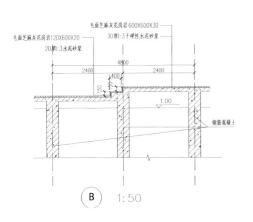

毛面芝麻灰花岗岩120X600X20
20厚1:3水泥砂浆
毛面芝麻灰花岗岩 600X600X30
30厚1:3干硬性水泥砂浆

B 1:50

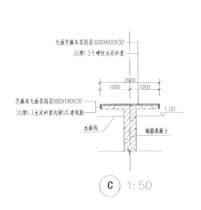

毛面芝麻灰花岗岩 600X600X30
30厚1:3干硬性水泥砂浆
芝麻灰毛面花岗岩300X140X20
20厚1:3水泥砂浆内掺5%建筑胶

C 1:50

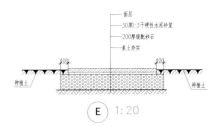

面层
30厚1:3干硬性水泥砂浆
200厚级配砂石
素土夯实

E 1:20

说明:图中钢筋混凝土配筋及基础做法见结构图.

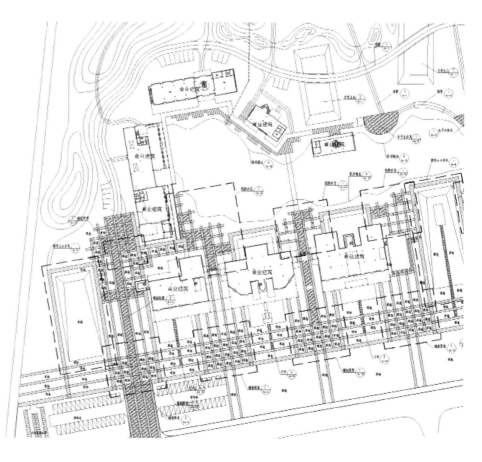

图书在版编目（ＣＩＰ）数据

全球景观规划设计集成 ：全 2 册 / 北京大国匠造文化有限公司编．－－ 北京 ：中国林业出版社，2020.1

ISBN 978-7-5038-9764-1

Ⅰ．①全… Ⅱ．①北… Ⅲ．①景观规划－景观设计Ⅳ．① TU986.2

中国版本图书馆 CIP 数据核字 (2018) 第 224379 号

中国林业出版社·建筑分社
责任编辑：纪　亮　樊　菲　王思源

出　版：中国林业出版社（100009 北京西城区德内大街刘海胡同 7 号）
印　刷：北京利丰雅高长城印刷有限公司
发　行：中国林业出版社
电　话：010-8314 3573
版　次：2020 年 8 月 第 1 版
印　次：2020 年 8 月 第 1 次
开　本：635mm×965mm，1/16
印　张：40
字　数：400 千字
定　价：680.00 元（上、下册）